Excel
最強集計術

不二 桜 Fuji Sakura

現場で効率アップできる本当に正しい使い方

JN015592

技術評論社

サンプルファイルのダウンロード

本書で掲載されている Excel のサンプルファイルについては、本書のサポートページより
ダウンロードできます。

https://gihyo.jp/book/2020/978-4-297-11203-5

免責

本書に記載された内容は、情報の提供のみを目的としています。したがって、本書を用い
た運用は、必ずお客様自身の責任と判断によって行ってください。これらの情報の運用の結
果について、技術評論社および著者はいかなる責任も負いません。

本書記載の情報は、2018 年 3 月現在のものを掲載していますので、ご利用時には、変更さ
れている場合もあります。

また、ソフトウェアはバージョンアップされる場合があり、本書での説明とは機能内容や
画面図などが異なってしまうこともあり得ます。本書ご購入の前に、必ずバージョン番号を
ご確認ください。

以上の注意事項をご承諾いただいた上で、本書をご利用願います。これらの注意事項をお
読みいただかずに、お問い合わせいただいても、技術評論社および著者は対処しかねません。
あらかじめ、ご承知おきください。

商標、登録商標について

本文中に記載されている製品の名称は、一般に関係各社の商標または登録商標です。なお、
本文中では、™、®などのマークは省略しています。

そのやり方、本当にExcelの集計を正しく使いこなせていますか？

　Excelで入力したデータや、取り込みしたデータをもとに集計をしなければならなくなった時、まずは合計や平均などの基本的な計算は必須となります。これらの基本的な計算は、数式を作成したことがなくても、Excelでは関数を使えばかんたんに求められます。

　関数とはExcelに備わっている集計機能の1つです。たとえば、合計や平均なら、足し算や割り算の数式を入力しなくても、関数を使えば、入力したデータを範囲選択するだけで、驚くべきスピードで求められます。

　「そんな基本的な関数さえ知っておけばなんでも集計できる」ならいいのですが、業務内容やほしい分析資料によって、要求される集計表の内容・形はさまざまで、実際はさまざまな集計が必要になります。

　たとえば、大量のデータを1件ずつ入力した表をもとに、項目ごとの小計枠を付けた集計表を資料として提出しなければならない場合もあります。

　そんな時、関数しか知らなかったら、

　「すべての項目ごとに小計枠を挿入→それぞれの小計行に関数を入力」

　こんな作業が必要です。1か月分のデータに日別の小計が必要になったなら、日ごとに小計枠を挿入することになるので、思わぬ時間を費やすはめになってしまいます。

No.	日付	ショップ名	種類	価格	数量	売上
1	2019/4/1	美乾屋	ナッツ	1,800	17	30,600
2	2019/4/1	桜Beans	ナッツ	1,000	26	26,000
3	2019/4/2	玲豆ん堂	ドライフルーツ	2,800	22	61,600
4	2019/4/3	菜ッ津堂	ナッツ	1,000	10	10,000
5	2019/4/5	美乾屋	ドライフルーツ	1,250	8	10,000
6	2019/4/5	玲豆ん堂	ドライフルーツ	1,500	23	34,500
7	2019/4/6	菜ッ津堂	ナッツ	2,500	22	55,000
8	2019/4/10	胡桃本舗	ドライフルーツ	1,500	11	16,500
9	2019/4/12	胡桃本舗	ナッツ	1,000	10	10,000
10	2019/4/16	美乾屋	ドライフルーツ	1,500	8	12,000
11	2019/4/20	胡桃本舗	ナッツ	1,500	20	30,000
12	2019/4/20	胡桃本舗	ドライフルーツ	1,800	10	18,000
13	2019/4/20	桜Beans	ドライフルーツ	1,500	4	6,000
14	2019/4/25	玲豆ん堂	ドライフルーツ	1,000	10	10,000

日ごとに行の挿入をしていき、関数の入力を1か月分繰り返す!?

　また、1つのシートだけではなく、複数のシートやブックでデータを入力していたなら、そのデータをまとめて集計しなければならない場合もあります。1年分のシートなら、1つのシートにまとめる操作を、コピー&貼り付けしか知らなかったなら、12回コピー&貼り付けをくり返すことになってしまいます。

No.	日付	ショップ名	種類	原産国	価格	数量
1	2019/4/1	美乾屋	ナッツ	アメリカ	1,800	17
2	2019/4/1	桜Beans	ナッツ	アメリカ	1,000	26
3	2019/4/2	玲豆ん堂	ドライフルーツ	フィリピン	2,800	22
4	2019/4/3	菜ッ津堂	ナッツ	インド	1,000	10
5	2019/4/5	美乾屋	ドライフルーツ	フィリピン	1,250	8
6	2019/4/5	玲豆ん堂	ドライフルーツ	カリフォルニア	1,500	23
7	2019/4/6	菜ッ津堂	ナッツ	カリフォルニア	2,500	22
8	2019/4/10	胡桃本舗	ドライフルーツ	アメリカ	1,500	11
9	2019/4/12	玲豆ん堂	ナッツ	インド	1,000	10
10	2019/4/16	美乾屋	ドライフルーツ	カリフォルニア	1,500	8
11	2019/4/20	胡桃本舗	ナッツ	アメリカ	1,500	20
12	2019/4/20	胡桃本舗	ドライフルーツ	アメリカ	1,800	10
13	2019/4/20	桜Beans	ドライフルーツ	カリフォルニア	1,500	4
14	2019/4/25	玲豆ん堂	ドライフルーツ	カリフォルニア	1,000	10
15	2019/4/30	美乾屋	ドライフルーツ	フィリピン	2,800	12
16	2019/4/30	桜Beans	ナッツ	アメリカ	1,800	10

2019.04　2019.05　2019.06　2019.07　2019.08

それぞれのシートのデータをコピー&貼り付け集計!?

　しかし、Excelは表計算ソフトという名のとおり、さまざまな集計機能が備わっています。そのため、かんたんな関数しか知らなくて対応できない集計や、一刻も早くといったスピードを要求される集計でも、使える集計機能の使い方をマスターしておけば安心です。このあとの本編では、豊富に用意されている集計機能をどんな時にどう使えば、ほしい

集計表がスピーディーに作成できるのか、じっくりと解説していきます。

1つの集計機能に固執してはダメ

　ただ、本書ではこれらの集計機能の使い方を1つ1つ完璧にマスターするところまでを到達点としてはいません。当然のことながら、業務内容やほしい分析資料によって、要求される集計表の内容、形はさまざまです。

　それゆえ、本を読んである集計機能だけをマスターしても、無理にその集計機能を使おうとすると余計な時間がかかってしまうことがあります。

　たとえば、以下の図のように、入力した会員の住所をもとに都道府県別の件数を表に求めたいとき、ちょっとExcelの知識がある方であれば、次のように集計する方法が思い浮かぶでしょう。

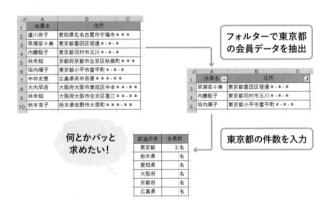

項目別集計ができるからピボットテーブルを使う？　→しかし、住所別にしか集計できないからダメ

都道府県で抽出できるからフィルターを使える　→しかし1つずつ件数入力が大変……

　関数以外にここで出てきた集計機能は、ピボットテーブル、フィルターです。よくあるExcel本を読んでみると、ピボットテーブルやフィルターを使ったほうがかんたんでパッとできそうに見えます。

ですが、実際は、以下のようにCOUNTIF関数1つでできてしまうのです。この数式の詳細は、第4章で解説しています。

　誰でもかんたんに集計できるほうがいいに決まっています。しかし、かんたんにできる機能や覚えた機能だけをとりあえず使って集計すると、このように余計に時間がかかってしまう場合もあるのです。

　集計表をスピーディーに作成するには、「こんな時はこの集計機能を使えばいい」と目的別に集計機能を頭の中で上手に振り分けられるようになり、1つの方法でできなくても**「この集計機能がダメならこっちの集計機能で求められる！」**と、臨機応変に対応できるようなることが大事です。そうなれば、目的の集計表をスピーディーに完成させることができるはずです。本書では、そんな適切な使いこなしを身に付けられるように各集計機能を説明します。

　つまり、本書は**「この機能を使えばどんな集計でもできる！」**という本ではありません。**あくまでも臨機応変に使い分け、どんな集計表を頼まれても、「パッと」完成できるように手助けする本です。**

　ただ、集計どころか、そもそも数式や関数の入力・編集について自信がない場合は、序章をしっかりマスターして本章へ入りましょう。もちろん、数式や関数の基礎知識はばっちりであれば、ここから先を読み飛ばして本章を読み進めてください。

CHAPTER 5

ドラッグ操作でかんたんに集計表を作ろう　177

CHAPTER 6

グループごとの集計を高速化するコツ　249

CHAPTER 7

シートやブックをまたいで
いくつもの表を合体して集計するコツ 293

PROLOGUE

集計するための機能を
使う前に

数式と関数の基本を押さえておこう

1 数式の基本操作

本編へと入る前に、数式の基本的な操作をここでさくっと押さえておきましょう。入力した値は、数式を使う事で計算がおこなえます。数式は、①半角で「=」と入力したら、計算に使う値と、②「+」（足し算）、「-」（引き算）、「*」（かけ算）、「/」（割り算）の記号（算術演算子）を組み合わせて作成します。数式で使う値は、直接入力しても可能ですが、③**値を入力したセル番地で指定することで、値が変更されても自動で再計算がおこなわれます。** この値を入力したセル番地で指定することをセル参照といいます。作成したら、 Enter を押すと、数式がセルに格納されて、計算結果が求められるしくみです。

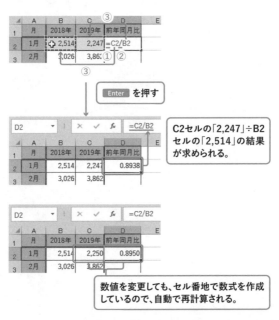

C2セルの「2,247」÷B2セルの「2,514」の結果が求められる。

数値を変更しても、セル番地で数式を作成しているので、自動で再計算される。

なお、算術演算子には「%」「^」（べき乗）などもあり、そのほか数式で使える演算子には比較演算子（=、>、<、>=、<=、<>）・文字列演算子（&）・参照演算子（:、カンマ、半角スペース）があります。

　入力した数式はあとから修正が可能です。**数式の一部をまちがったセルをダブルクリックして編集状態にし**、修正するセル番地をドラッグして黒く反転させたら、正しいセル番地を選択し直すか、カラーリファレンス（色枠）をドラッグして正しいセル番地に移動して、 Enter で数式を確定します。

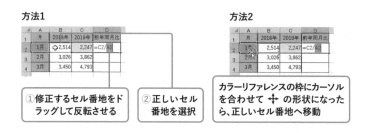

方法1

① 修正するセル番地をドラッグして反転させる

② 正しいセル番地を選択

方法2

カラーリファレンスの枠にカーソルを合わせて ✛ の形状になったら、正しいセル番地へ移動

　こうして作成した数式をほかの行にも入力する場合、それぞれの行ごとに入力する必要はありません。**オートフィル**を使えば、数式をほかの行にも自動的に入力できます。オートフィルとは、ドラッグ操作で同じデータや連続するデータを自動的に入力することができる機能です。

　オートフィルを使って数式をコピーするには、セルを選択して右下隅に表示される①フィルハンドル（■）にカーソルを合わせ、数式をコピーしたい方向へドラッグします。この例のように、右か左にデータが隣接して入力されている場合は、ダブルクリックですべての行に数式をコピーできます。このとき、罫線などの書式も一緒にコピーされてしまうので、数式だけをコピーするには、同時に自動で表示される②［オートフィルオプション］ボタンをクリックして、③［書式なしコピー］を選択しておきましょう。

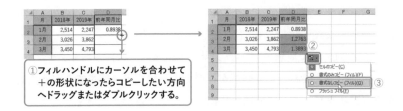

①フィルハンドルにカーソルを合わせて
＋の形状になったらコピーしたい方向
へドラッグまたはダブルクリックする。

相対参照で数式をすばやくコピーする

　数式をセル参照で作成しておくことで、オートフィルで数式をコピーすると、数式の参照先のセルがずれ、それぞれに相対的に参照した数式が入力されます。ためしに次のセルの数式を確認してみると、同じ行にあるセル番地で数式が作成されているのが確認できます。

　このように、相対的に参照する参照形式を相対参照といいます。値の変更や数式のコピーに対応するには、セル参照で数式を作成するのが鉄則です。

　相対参照が適用されるのは、連続したセルにコピーする場合だけではありません。以下のように、**離れた範囲に同じ行数や列数で値が入力されている**なら、1つ目の数式をコピーしてほかの求めるセルを選択して貼り付けるだけで、相対参照により、それぞれに参照した数式が入力されて結果が求められます。この場合、数式を貼り付ける範囲が複数でも、Ctrl ですべて選択してから貼り付けると1回の操作で貼り付けが完了します。

① Ctrl + C でコピー

② Ctrl ですべて選択
して、貼り付けボタ
ンで貼り付ける

ただ、数式を貼り付けるセルが複数あると、Ctrl で選択することすら面倒に感じます。そこで、1つの数式でコピーなしで一発で求める方法を覚えておきましょう。**求めるセルを最初にすべて Ctrl で選択してから数式を入力します。数式は、最後に選択されたセルだけに入力するのがコツです。**

① Ctrl ですべて選択

②ここだけに数式を入力

あとは、Ctrl と Enter で数式を確定するだけで、すべてのセルに数式結果が求められます。この方法は関数を使った数式でも使えるので、これからの章へ入る前に覚えておきましょう。ただし、**それぞれに違う行数や列数を対象にした数式では、この方法では求められない**ので注意してください。

絶対参照でずらしたくないセルを固定する

数式のコピーに大活躍の相対参照ですが、数式をコピーした際にずらしたくないセル番地までずれてしまい、正しい結果が求められない場合があります。たとえば、全体の合計をもとにそれぞれの比率を求めたい場合です。このような場合は、オートフィルでコピーすると、合計のセル番地までずれてしまい、正しい結果が求められません。

　そんなときは、ずらしたくないセル番地を固定しておけば、数式をコピーしてもずれることはありません、セル番地を固定するには、「$B$8」のように、セル番地の行列番号の前に「$」を付けるだけで完了します。

　こうしておけば、オートフィルでコピーしても、行方向にも列方向にもずれずに、絶対的に「$」を付けたセル番地を参照してくれるのです。このような参照形式を文字通り絶対参照といいます。行列番号の前に$を付けるのは面倒そうですが、じつはいちいち入力しなくても、**セル番地やセル範囲を選択または入力した後に、** F4 **を1回押すと自動で付けられます。**

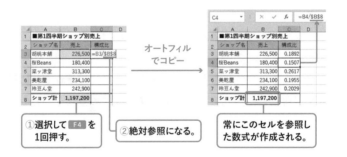

2　関数の基本操作

　数式による値の計算を理解できたところで、次のステップとして関数を押さえましょう。そもそも、数式があるのになぜ関数が必要なのでしょ

うか。

　関数は、複数のセルを対象に計算しなければならない場合に、大きな効果を発揮します。たとえば、足し算する値が複数ある場合、数式の場合は「+」を使った数式が必要になりますが、足し算するSUM関数を使うと、足し算するセル範囲を選択するだけで、すばやく結果を求められるのです。

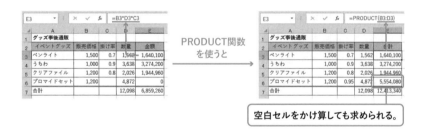

　かけ算も同様に、PRODUCT関数を使うと、かけ算するセル範囲を選択するだけで求められるのです。そればかりか、空白のセルを選択しても、それを無視したかけ算の結果を求めてくれます。

空白セルをかけ算しても求められる。

　関数を使えば、数式で使うセル範囲をまとめて指定できるので、複数行列のデータでも驚くべきスピードで計算結果を求められるのです。そのため、Excelでは関数が重要なのです。

　関数は、以下の書式に従ってセルに入力することで使えるようになります。半角で「=関数名」と入力したら、引数を「( )」で囲んで入力します。引数とは計算で使う値です。複数の引数を指定する場合は、「,」で区切っ

て入力します。関数を入力したら、 Enter を押すことでセルに計算結果が求められます。

    =関数名(引数1,引数2,……)

引数には、以下のように関数を入れることも可能で、より複雑な計算処理がおこなえます。このように関数の中に関数を組み込むことをネストといい、64レベルまで設定できます（この数式の詳細は4-1節で解説しています）。

    =ROUND(DAVERAGE(A1:F11,F1,H3:I6),2)

引数の種類や数は関数によって異なります。先ほどのPRODUCT関数の場合、書式は次のとおりです。

    =PRODUCT(数値1[,数値2,……,数値255])

PRODUCT関数は、数値の積を求める関数です。引数の［数値］に積を求めたい数値・セル番地・セル範囲を指定すると、そのすべての積が求められます。どんな引数を指定するのかは、関数の入力時に表示されるポップヒントに表示されるため、あらかじめ完璧に覚えておく必要はありません。

ポップヒントを確認しながら関数を直接入力する

では、どのようにポップヒントで表示されるのか確認しながら、PRODUCT関数の数式を入力してみます。

①求めるセルに「=P」と関数の頭文字を入力すると、その頭文字から始まる関数のリストが表示される（関数オートコンプリート機能）[1]

1　Excel2019では頭文字でなくてもその文字を含むすべての関数のリストが表示されます。

②リストから PRODUCT 関数をダブルクリックする

③セルに「=PRODUCT(」と入力され、同時にポップヒントで表示される書式に従って引数を入力していく

④ここではかけ算するセル範囲を選択し、 Enter で数式を確定する

⑤PRODUCT 関数の数式が入力され、引数で選択したセルがすべてかけ算された結果が求められる

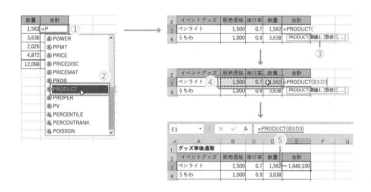

ダイアログボックスから入力する

　直接入力する方法のほかには、[関数の引数] ダイアログボックスで入力する方法もあります。[関数の引数] ダイアログボックスは、「数式」タブ→ [関数ライブラリ] グループにある分類名のボタンから使いたい関数を選択すると表示されます。PRODUCT関数は「数学/三角」関数に分類されるので、① [数学/三角] ボタンをクリックして表示された一覧から②「PRODUCT」を選択します。

③選択したPRODUCT関数の引数ダイアログボックスが表示されま

す。④引数ボックスには、自動で隣接するセル範囲が入力されます。新たに計算に使用する内容を入力するには、引数ボックス内にカーソルを挿入して入力、またはセル範囲を選択します。⑤［OK］ボタンをクリックすると、⑥PRODUCT関数の数式が入力されて結果が求められます。

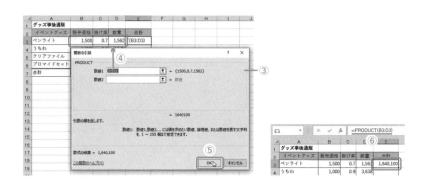

　関数は自動で入力され、それぞれの引数ボックスに必要な内容を入力していくだけなので、直接入力するときのように、引数の「,」を入力する手間もかかりません。直接入力が苦手なら、［関数の引数］ダイアログボックスを使って入力しましょう。

　なお、使いたい関数がどの分類に属するのかわからないときは、［関数ライブラリ］グループからは選べません。このようなときは、①［関数ライブラリ］グループまたは、数式バーにある［関数の挿入］ボタンを使いましょう。クリックすると［関数の挿入］ダイアログボックスが表示され、②［関数の分類］から［すべて表示］をクリックすると、アルファベット順に並んだすべての関数名から選べます。

　ただし、たくさんの関数の中から探すのは大変です。スピーディーに探すには、［関数の検索］ボックスに、使いたい関数の用途のキーワードを入力しましょう。

　たとえば、①「積」と入力して②［検索開始］ボタンをクリックすると、③［関数名］のリストに該当する関数の候補が表示されます。目的の関数を選択して④［OK］ボタンをクリックすると、選択した関数の

引数ダイアログボックスを表示させられます。

　しかし、最近まで使用していた関数ならこんな操作は要りません。［関数ライブラリ］グループの［最近使用した関数］ボタンをクリックしてみましょう。最近まで使用した10個までの関数のリストが表示されるので、スピーディーに利用できます。

最近まで使用した関数が10個表示される。

COLUMN　**Excelのバージョンによる関数名の違いに気をつける**

　関数の中には、バージョンアップで名前が変更された関数もあ

PROLOGUE
集計するための機能を
使う前に

ります。当然、新しい関数は以前のバージョンのExcelでは使えませんが、以前のバージョンの関数は、**互換性関数**という分類の中に用意されています。[関数ライブラリ] グループなら、[その他の関数] ボタンの中にあります。

　互換性関数とは、以前のバージョンのExcelとの下位互換性を保つために用意された関数です。Excel2007／2003でファイルを利用する可能性がある場合は、互換性関数に分類されている関数を使いましょう。

　たとえば、順位を付けるRANK.EQ関数は、Excel2007まではRANK関数という名称でした。Excel2007でファイルを利用する場合は、RANK.EQ関数を使わずに、互換性関数に分類されているRANK関数を使って数式を作成する必要があります。

関数の入力を修正・コピーする

　入力したあとの関数の修正やコピーは、数式の場合と同じです。関数を修正する場合、[関数の引数] ダイアログボックスを使うなら、関数を入力したセルを選択し、①数式バーの [関数の挿入] ボタンをクリックすると [関数の引数] ダイアログボックスを表

示されます。②引数ボックス内にカーソルを挿入して修正をおこないましょう。

　このとき、ネストした関数の［関数の引数］ダイアログボックスを表示させて修正をおこなうには、①ネストした関数名の中にカーソルを挿入して、②数式バーの［関数の挿入］ボタンをクリックします。

ネストした関数の引数
ダイアログボックスが
表示される。

　なお、関数の入力中に、途中でキャンセルしたい場合は、 Esc を押すか、数式バーの［キャンセル］ボタンをクリックすると、何もない状態に戻せます。

データ集計がしやすい表を
作成するには

　数式と関数の基本操作を押さえられたら、集計元となる表の作成についてポイントを押さえておきましょう。

　業務で作成する表にはさまざまな種類がありますが、売上台帳や顧客名簿など関連するデータをまとめたものは**データベース**と呼ばれます。このデータベースを運用したり管理したりできるExcelの**データベース機能**を使うと、大量のデータベースでもスピーディに集計でき、集計するための自由度も高くなるため、さまざまな方法で集計がおこなえるようになります。

　本書では、そんな集計をおこなうために欠かせないデータベース機能を、おもに、以下の章で解説しています。

　フィルター、テーブル→２章
　小計→３章
　ピボットテーブル→５章、６章
　PowerPivot、PowerQuery → ７章

　これらのデータベース機能を利用するには、以下のようなデータベース用の表が必要です。こうしておけば、集計する内容が限られることなく、目的の集計表を作成できるようになります。

　同じ種類のデータは同じ列に入力する
　１件分のデータを１行で入力する

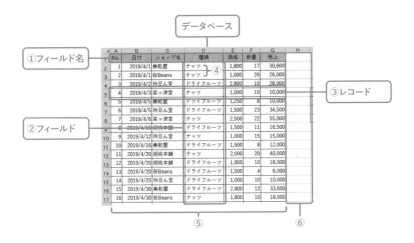

それぞれは、以下のルールを守って入力する必要があります。

表作成のルール

①フィールド名：データを分類するための列見出し。表の先頭行に必ず入力、レコードと異なる書式にする、結合はしない

②フィールド：列単位のデータ。列見出しに属する同じ種類のデータを入力する

③レコード：行単位のデータ。1件分のデータを入力する

④連続したデータでも省略や結合はしない

⑤データの表記はそろえて、同じセル内に複数入力しない、余分な空白は入力しない

同じデータの表記はそろえる（「ナッツ」「ナッツ」と混在はNG）

1つのセルには1つの値を入力する

⑥表に隣接すセルは空白にしておく（表に隣接するセルは空白にしておくことで、データベース機能を利用するときにセル範囲を自動的に認識させることができます（次ページ手順②参照)）

　たとえば、クロス表なら、上記のルールを守って以下のように作り変えるか、集計用の表として別途作成しておきます。そのまま使うより、データベース機能を使って、よりさまざまな集計がおこなえるようになります。

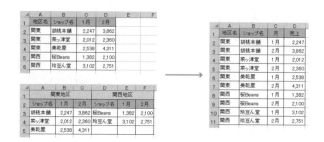

　2列または2行で見出しを作成したこんなクロス表なら、こんなふうに作り変えましょう。

データベース用の表で数式・関数を自動コピーする
　表を**テーブル**に変換しておくと、オートフィルを使わなくても数式のコピーが自動でおこなえます。
　表をテーブルに変換するには、以下の手順でおこないます。
①表内のセルを選択し、[挿入] タブ→ [テーブル] グループの [テーブル]
　ボタンをクリック

②表示された［テーブルの作成］ダイアログボックスで、テーブルにす
る列見出しを含めたセル範囲を指定しますが、表に隣接するセルを空
白にしているので、②自動的に表のセル範囲が指定される
③［先頭行をテーブルの見出しとして使用する］にチェックを入れる
④［OK］ボタンをクリック

⑤これで表はテーブルに変換されて、列見出しに［▼］ボタンが追加さ
れます。Excel2013以降では、表を選択して表示されるクイック分
析ボタン（1-1節参照）の［テーブル］タブ→［テーブル］をクリッ
クしても変換できます。

　自動で1行おきに色が付けられて、大量のデータでも読み取りやすく
なりますが、付けられる表の書式は、⑥［デザイン］タブ→［テーブル
スタイル］グループ→［クイックスタイル］ボタンから変更できます。
書式が不要な場合は、左上のテンプレート［なし］をクリックしておき
ましょう。

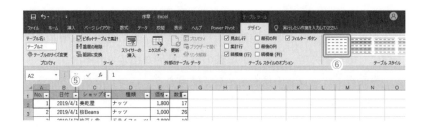

　テーブルの準備ができたら、表の隣の列に「価格」×「数量」の数式を入力してみます。 Enter で確定すると、同時にすべての行に数式がコピーされました。

Enter で数式を確定すると…

　しかも、テーブルにデータを追加しても、罫線などの書式だけでなく、上の行の数式や関数が自動でコピーされるため、作業の時間を大幅に短縮できます。

データを追加

自動で上の行の数式がコピーされる。

No.	日付	ショップ	種類	価格	数量	売上
1	2019/4/1	美乾屋	ナッツ	1,800	17	30,600
2	2019/4/1	桜Beans	ナッツ	1,000	26	26,000
3	2019/4/2	玲豆ん堂	ドライフルーツ	2,800	10	28,000
4	2019/4/3	菜ッ津堂	ナッツ	1,000	10	10,000
5	2019/4/5	美乾屋	ドライフルーツ	1,250	8	10,000
6	2019/4/5	玲豆ん堂	ドライフルーツ	1,500	23	34,500
7	2019/4/6	菜ッ津堂	ナッツ	2,500	22	55,000
8	2019/4/10	胡桃本舗	ドライフルーツ	1,500	11	16,500
9	2019/4/12	玲豆ん堂	ナッツ	1,000	15	15,000
10	2019/4/16	胡桃本舗	ドライフルーツ	1,500	8	12,000
11	2019/4/20	胡桃本舗	ナッツ	2,000	20	40,000

　なお、自動でコピーされたくない場合は、確定時に表示された［オー

トコレクトのオプション］ボタンをクリックして表示されたメニューから［集計列の自動作成を停止］を選択すると、コピーされた数式が削除されます。

　ただし、次回から2度と自動でコピーされなくなってしまいます。次回以降で自動でコピーしたくなったときや、最初から自動でコピーされないときは、［ファイル］→［オプション］→［文章校正］で、［オートコレクトのオプション］ボタンをクリックし、［オートコレクト］ダイアログボックスの［入力オートフォーマット］タブで、［テーブルに数式をコピーして集計列を作成］にチェックを入れておきましょう。

テーブル内の数式のしくみを知る

　では、どうして、テーブルに変換しておけば、こんなことができるのでしょうか。先ほどテーブルに入力した数式に注目してください。

　通常の数式のようにセル番地を選択して数式を作成したのに、以下のように、列見出しの前に「@」が付いた数式になっていますね。

=[@価格]*[@数量]

　これは、**この行の価格の列×この行の数量の列**を表します。テーブルでの数式は、セル参照ではなく構造化参照になっています。構造化参照

とは、テーブル全体または一部を参照する参照形式です。表をテーブルに変換すると、構造化参照を使用して数式にデータを参照できるようになります。データを追加しても数式の範囲は自動参照されるため、オートフィルのように上の行にある数式をコピーする必要がありません。

CHAPTER 1

まずはこれだけ押さえよう
～最速集計の「基本のキ」

ドラッグするだけで計算結果がわかる

1 数式無しで集計値は把握できる

　いよいよ、集計をスピーディーにおこなうためのノウハウへと突入するわけなのですが、その前に、まずはこの技を知っておきましょう。表の集計で頻繁に使う合計・平均・件数などは、数式を入力しなくてもわかります。「連休中の数値は、どうなってる？」「顧客数は今、どれだけあるの？」突然、そんな言葉を上司から投げかけられても、慌てる必要はありません。

　集計するデータが入力されたセルをドラッグして選択してみましょう。その状態でステータスバーを見ると、「合計」「平均」「データの個数」が表示されているのが確認できます。

ステータスバーに選択した
セル範囲の集計値が表示

ステータスバーに「最大値」「最小値」「数値の個数」も表示させたければ、ステータスバーで右クリックしたメニューから、表示させたい項目を選択します。

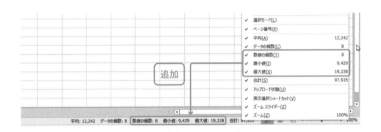

　このように、選択したセル範囲の値の集計値を自動的に求めてステータスバーに表示する機能を、Excelでは**オートカルク**といいます。

　もちろん、オートカルクでは行の非表示やフィルター抽出で隠れた行もしっかりと除いて、集計値を表示してくれます。そればかりか、表の見出しに**フィルター**（第2章参照）を付けてデータを抽出した時は、「17レコード中6個が見つかりました」とメッセージで抽出件数まで教えてくれます。ただし、このメッセージは、別の操作をおこなうとすぐに消えてしまいます。

数式を入力せずにドラッグ操作で集計値を知る方法はもう1つあります。ドラッグした時に、シート上に表示されるボタンに注目してください。

このボタンは**クイック分析ボタン**[2]といい、クリックすると、**ステータスバーではなくシート上に集計値をプレビューしてくれるのです。**オートカルクは、複数行列のセルをドラッグしてもそのすべてを計算対象としますが、クイック分析ボタンは、行ごと列ごとの集計値をプレビューしてくれます。

また、必要であれば、**そのままセルに集計値を返す（入力する）ことも可能です。**自動で数式がセルに入力されるので、あとから編集も可能です。

どのようにクイック分析ボタンで集計値をプレビューするのか、具体例でくわしく手順を見ていきましょう。

2　Excel 2010には無い機能です。

具体例1 合計・構成比・累計をプレビューする

　この表は、ショップ別に1月～4月の売上を示したデータです。まずは、直近2か月のショップ別の売上合計と売上構成比をプレビューしてみます。

① 2か月分の売上のセルをドラッグして選択する
② クイック分析ボタンが表示されるのでクリックする

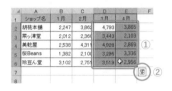

③ 表示されたメニューから「合計」をクリックする
④ 右端に合計を求めるので、右端に色が着いた「合計」をポイントする
⑤ 直近2か月の店舗別の売上合計がプレビューできる

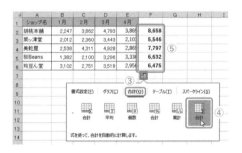

　構成比を知りたい時も、割り算は不要です。①「合計」（Excel2013では「合計の」）をポイントすると、②直近2か月の店舗別の売上構成比がプレビューできます。

　次に、入場者数をもとに、累計入場者数をプレビューして入力してみます。この表は日付別に入場者数を示したデータです。累計を知りたい時も足し算は不要です。

①入場者数をドラッグして選択する
②クイック分析ボタンの「合計」から「累計」をポイントする
③入場者数の累計がプレビューできる。表に累計が必要な時は、**ポイントせずにクリックする**と、そのままセルに入力できる

　クイック分析ボタンで集計できるボタンはいろいろありますが、ボタンに付けられたタイトルの集計がおこなえます。

①表の下に色が着いたボタンは表の下端に集計値を求める

②右端に色が着いたボタンは表の右端に集計値を求める

空白以外のセルの数を求める
（Excel2013では「データの」ボタン）

構成比を求める
（Excel2013では「合計の」ボタン）

複数セルの計算を
最速にする「コピペ」の基本

1　同じ数値を複数セルに四則演算する最速テク

　数式を入力せずに計算する方法には、ドラッグ操作のほかに、コピペだけでできる方法もあります。しかも、複数セルの計算がコピペだけで最速におこなえます。

　序章では数式入力の基本操作を解説しました。しかし、数式を計算したい数値とは別のセルに入力するのではなく、すでに入力した数値に特定の値をかけ算しなければならない場合もあります。

　たとえば、以下の表には税抜で金額が入力されています。これを税込の金額に変更したい場合は、次のような手順をおこなわなければいけません。

①表とは別のセルに「＝金額 *1.08」（1.08 は (1＋消費税)) の数式を
　入力して元の表と同じ行列数コピーする（今回は軽減税率 8% を使用)
②計算結果を値として元の表に貼り付ける

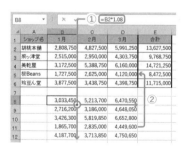

でもじつは、この例のように同じ数値をそれぞれの数値に四則演算するなら、数式を入力せずにコピペだけでできるのです。コピペするには、形式を選択して貼り付けを使います。

　形式を選択して貼り付けは、コピーすると利用できる貼り付け機能です。「演算」グループにある計算方法を選んで貼り付けると、その計算方法で求めた結果の数値が貼り付けられます。つまり、数式を入力せずに、最速で計算結果を反映した表に変更できるというわけです。

　たとえば、上記の場合なら、税込の金額にするための数式は「=金額*1.08」（1.08は(1+消費税)）です。

① かけ算する数値「1.08」を表とは違うセルに入力しておく
② この数値を Ctrl ＋ C でコピーしたら、税込にする金額を範囲選択する
③ [ホーム]タブの[クリップボード]グループ→[貼り付け]ボタンの[▼]
　→[形式を選択して貼り付け]を選択して、[形式を選択して貼り付け]ダイアログボックスを表示させる
④ [貼り付け]グループでは、貼り付けても表の罫線が消えないように、[値]を選択しておく
⑤ [演算]グループでは、かけ算して貼り付けるので[乗算]を選択する
⑥ [OK]ボタンをクリック

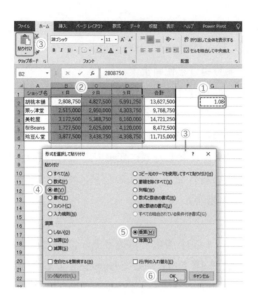

　表のすべての金額に「1.08」がかけ算されて、税込金額に変更されました。

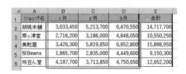

　以上のように、数式なんて必要ありませんでした。形式を選択して貼り付けで演算貼り付けをおこなうと、「g」から「kg」、「mm」から「in」などの値を置き換えたいときにも、最速で活用できます。

基本集計は
「合計ボタン」を使って
計算をスピードアップしよう

1　**関数の入力が面倒だと思ったら「合計ボタン」を使おう**

　さて、いよいよ本格的に集計へと突入です。まず、表の集計で頻繁に使う「合計」「平均」「件数」「最大値」「最小値」を求められる関数から覚えましょう。

　合計：SUM 関数
　平均：AVERAGE 関数
　件数：COUNT 関数
　最大値：MAX 関数
　最小値：MIN 関数

　以上の5つの関数は、それぞれを英語の名前で表した関数名なので、とても覚えやすいですね。

　関数の入力方法は序章1節で説明しましたが、じつはこれらの5関数は、いちいち関数を入力しなくてもいいのです。合計ボタンを使えば、それぞれの関数を自動で入力してくれます。

　合計ボタンは、[数式] タブや [ホーム] タブにあります。合計ボタンの [▼] をクリックし、表示されるメニューから集計の方法を選ぶだけで、その集計方法の関数を自動で挿入してくれます。SUM関数は、メニューから選択しなくても合計ボタンのクリックだけで挿入できます。

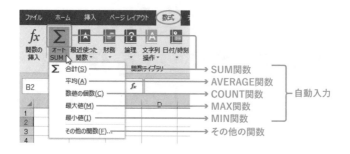

　そればかりか、**合計ボタンは、求めるセルの上や左に隣接する数値が入力されたセル範囲を自動で選択してくれます**。つまり、自動で関数入力と集計する範囲を選択してくれるというわけです。

　たとえば、以下の表は、1月の合計を求めるセルを選択して合計ボタンをクリックしただけの画面です。それだけなのに、自動でSUM関数の入力と上に隣接する集計範囲の選択が同時におこなわれています。あとは、Enter を押して確定すればいいだけです。

　そのほかの集計方法も、合計ボタンの［▼］をクリックすると表示されるメニューから選択するだけで、上記のように関数の入力と隣接する集計範囲の選択が同時におこなわれます。

　合計ボタンは、複数のセルに集計値を求める場合にも威力を発揮します。最初に選択するセル範囲次第で、数式の確定やコピーする必要もなく、一発で求めることもできるのです。それには、①**最初に求めるセル**

をすべて選択してから、②合計ボタンをクリックします。

一度にすべて求められる。

クロス表で、表の右端下端同時に求めるならば、**①集計する数値と求めるセルをすべて選択**してから、②合計ボタンをクリックしましょう。

一度にすべて求められる。

さらに、**合計ボタンは、上か左に隣接するセル範囲にSUM関数を入力したセルを含んでいると、そのセルだけを自動選択します。**つまり、小計にSUM関数が入力されていれば（小計の入力方法は第3章参照）、総計で合計ボタンをクリックすると、小計だけを自動選択してくれます。小計を含んで総計が狂ってしまう心配なんか、まったくありません。

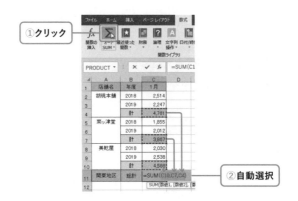

ただし、合計ボタンでも欠点はあります。自動で選択してくれるのは、上か左に隣接しているセル範囲だけなのです。そのため、表とは別のセルに結果を求める場合は、①合計ボタンでSUM関数が自動入力されたあとは、通常の関数を入力する時と同じように（関数の入力方法は序章参照）、②集計するセル範囲を手動でドラッグしなければなりません。

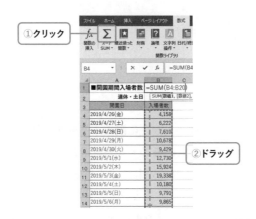

また、上か左に隣接していても、自動で選択してくれるのは、連続して数値が入力された1つのセル範囲のみです。**複数の離れたセル範囲や、複数の表のセル範囲を集計する時は、1つのセル範囲を選択するたびに、**Ctrl**キーを押さないと次の範囲を選択できません。**Ctrl を押しながら

別のセル範囲を選択することで、数式の引数の区切りである「,」が自動で入力され、別のセル範囲が指定できるようになります。

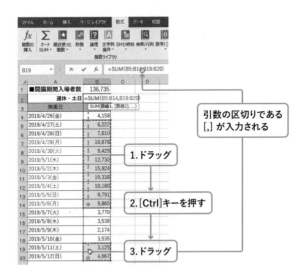

Ctrl を押して別のセル範囲を選択することで、数式の引数の区切りである「,」が自動で入力されるのは、合計ボタンを使う時だけではなく、通常の関数の入力時も同じです。しっかりと覚えておきましょう。

もう1つ合計ボタンの欠点を挙げると、数式作成で別の関数の中に入れて使う時や、ダイアログボックス内の数式で使う時は、合計ボタンは使えません。5つの関数を直接入力して使いましょう。

5関数の書式を理解しよう

第5章で登場しますが、5-3節 具体例3 の手順③で［集計アイテムの挿入］ダイアログボックスの［数式］ボックス内でSUM関数を使う場合、ダイアログボックスに直接入力する場合は、関数の書式がポップヒント（序章1節参照）で表示されません。

合計ボタンは使用できないので、SUM関数を直接入力する。

　そのため、合計ボタンで挿入される5関数の書式を把握してきましょう。これらの5関数の書式は、以下のようにCOUNT関数以外すべて同じ書式です。

SUM 関数／ AVERAGE 関数／ MAX 関数／ MIN 関数：
　　　　=関数名 (数値 1[, 数値 2]…[, 数値 255])
COUNT 関数：=COUNT(値 1[, 値 2]…[, 値 255])

　5関数の引数には、集計したい数値やセル範囲を指定します。上記のようなダイアログボックスに直接入力するときに、複数のセル範囲を入力するときは、前ページのように Ctrl が使えないので、引数の区切りである「,」を入力して数式を作成する必要があります。

2　5関数＋αでできる集計を一緒に覚えよう

　5つの関数は数値だけを集計します。しかし、たとえば名簿の人数など、文字列の数を数えなければならない場合もあります。数値だけでなく、文字列や論理値（TRUEやFALSE）もすべて含んで集計するには、SUM関数以外のそれぞれの関数名の末尾に「A」を付けた関数を使いましょう。

AVERAGEA 関数
COUNTA 関数

MAX**A** 関数
MIN**A** 関数

　それぞれの関数は、直接入力して使います。数値だけではないので、「A」が付かない5関数とは違い、書式はすべて以下になります。

　　=関数名(値1[,値2]…[,値255])

　使い方も5関数と同じく、集計したい数値やセル範囲を指定するだけなので、大量のデータでもスピーディーに結果が求められます。たとえば、**COUNTA**関数を使えば、人数が多くても、セル範囲をドラッグするだけで空白以外の人数が一瞬で求められます。

　なお、COUNT関数では、空白という意味の英語「BLANK」を付けた**COUNTBLANK**関数を使うと、空白のセルだけを数えられます。書式は5関数＋Aの関数とは違い、以下のとおりです。

　　=COUNTBLANK(範囲)

　また、合計を求めるSUM関数では、数値の積を求める**PRODUCT**関

数（序章参照）の関数名を付けた**SUMPRODUCT関数**を使うと、名前のとおり数値の積の合計が求められます。ただし、これまでに解説してきた関数とは違い、配列で入力された数値の要素同士の積を合計する関数なので、SUMPRODUCT関数の書式は、以下のようになっています。

=SUMPRODUCT(配列1[,配列2…,配列255])

配列とは、**複数の行や列で構成されたデータの集まりのようなものです**。つまり、SUMPRODUCT関数の引数の[配列1]に1つ目の複数のセル範囲、[配列2]に2つ目の複数のセル範囲を指定すると、それぞれに対応する数値の積の合計が求められるということです。

では、どんなときに使うと有効なのでしょうか。たとえば、以下の表には商品別の「販売価格×数量」の列がありません。しかし、すべての商品の「販売価格×数量」の合計を「合計」のセルに求めたい時、通常なら次の手順を踏まなければいけません。

① 表の外にそれぞれかけ算する数式「販売価格＊数量」を入力
② 数式をすべての行にコピー
③ 求めた計算結果を SUM 関数で合計する

しかし、SUMPRODUCT関数を使えば、以下のような手順で求められます。

① 「販売価格」のすべてのセルを範囲選択して、 Ctrl を押しながら

②かけ算する「数量」のすべてのセルを範囲選択して Enter を押す

　さらに、もう1つ使用例を見てみましょう。以下の表には、価格が列見出しになっているため、合計を求めるには、「価格ごとにかけ算して、それぞれを足し算する数式」を作成しなければなりません。しかも、数式をコピーするには、列見出しの価格がずれないように、それぞれの価格を絶対参照（序章1節参照）にしなければなりません。こんな数式作成は、価格が多いとかなり大変です。

　そんなときに、SUMPRODUCT関数を使えば、次の手順だけで求められます。

①列見出しの価格すべてのセルを範囲選択し、F4 を1回押して絶対参照にしたら、Ctrl を押しながら
②かけ算する1行目の数量すべてのセル範囲を選択して Enter を押す
③数式をほかの行にオートフィル（序章参照）でコピーする

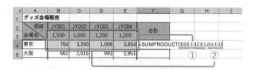

▲	A	B	C	D	E	F	G
1	グッズ会場販売						
2	価格	JY001	JY002	JY003	JY004	合計	
3	会場名	1,500	1,000	1,200	1,200		
4	東京	784	3,260	1,066	3,654	10,100,000	
5	大阪	662	2,016	993	2,951	7,741,800	
6	名古屋	427	1,007	882	2,210	5,357,900	
7	広島	345	1,360	673	1,560	4,557,100	
8	合計	3,718	8,643	4,814	11,575		

F4 =SUMPRODUCT($B$3:$E$3,B4:E4)

CHAPTER 2

フィルターや行の非表示で
隠れた行を除いて集計する

表の最終行に非表示セル を除く集計値を求めよう

1　表の最終行に非表示セルを除く集計値を求めるには「テーブル」を使おう

第1章でも説明したように、以下の表の最後の行に合計を求めるとき、求めるセルを範囲選択して合計ボタンを押すだけで一瞬で完了します。

では、この表から**必要な項目だけの集計値**が必要なときは、どうしたらいいのでしょうか。この章では、その手段の1つとして、表を必要な項目だけにして集計する方法を解説していきます。

表を必要な項目だけにする機能の1つとして、**フィルター**という機能があります。フィルターは、条件を満たすレコードだけを表示して、満たさないレコードは非表示にする機能です。**データベース機能なので、使うにはデータベース用の表にしておく必要があります**（序章参照）。

フィルターを利用するには、以下の手順のように、表の列見出しにフィルターボタン（▼）を付けて、レコードを抽出します。

①表内のセルを1つ選択して、[データ]タブ→[並べ替えとフィルター]グループ→[フィルター]ボタンをクリック
②追加されたフィルターボタン（▼）をクリック
③抽出する条件を選んで、[OK]ボタンをクリック

しかし、抽出された表の最終行に求めていた集計値は、以下のように隠れてしまいました。抽出した条件の集計値がほしいのに、これでは困ります。

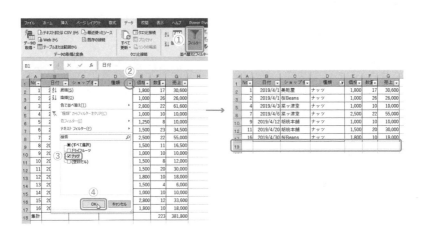

フィルターで抽出しても、抽出したレコードだけの集計値を常に最終行に付けて、その集計値がわかる表にしたいときは、序章2節でも解説した**テーブル**を使います。テーブルを使えば、フィルターで条件に該当するレコードを抽出するたびに、常にその最終行にピタリと寄り添った集計値の行を付けられます。

使い方はとってもかんたんです。表をテーブルに変換して（序章2節参照）、集計行を追加するだけです。ただし、テーブルもデータベース

CHAPTER 2
フィルターや行の非表示で
隠れた行を除いて集計する

機能の1つなので、データベース用の表であることが前提です。

　それでは、テーブルを使ってフィルターで条件抽出した集計値を求める手順を、具体例でくわしく見ていきましょう。

具体例1 常に抽出したレコードの最終行に「合計」を求める

　次のような売上管理表で、「種類」が「ナッツ」の売上データだけを抽出すると、その「売上」の合計が最終行に求められるようにしてみます。

	A	B	C	D	E	F	G
1	No.	日付	ショップ名	種類	価格	数量	売上
2	1	2019/4/1	美乾屋	ナッツ	1,800	17	30,600
3	2	2019/4/1	桜Beans	ナッツ	1,000	26	26,000
4	3	2019/4/2	玲豆ん堂	ドライフルーツ	2,800	22	61,600
5	4	2019/4/3	菜ッ津堂	ナッツ	1,000	10	10,000
6	5	2019/4/5	美乾屋	ドライフルーツ	1,250	8	10,000
7	6	2019/4/5	玲豆ん堂	ドライフルーツ	1,500	23	34,500
8	7	2019/4/6	菜ッ津堂	ナッツ	2,500	22	55,000
9	8	2019/4/10	胡桃本舗	ドライフルーツ	1,500	11	16,500
10	9	2019/4/12	胡桃本舗	ナッツ	1,000	10	10,000
11	10	2019/4/16	美乾屋	ドライフルーツ	1,500	8	12,000

　表をテーブルに変換すると、①テーブルの編集をおこなうための［テーブルツール］が追加されます。②［デザイン］タブの［テーブルスタイル］グループの［集計行］にチェックを付けると、表の最終行に集計行が追加されます。③集計行の右端のセルには、自動でその列の集計値が求められます（数値なら「合計」、文字列なら「データの個数」）。この表では数値なので「合計」が求められます。④スクロールしても列番号が列見出しに変わるので、大量のデータでも何のデータの集計値なのかわかりやすくなっています。

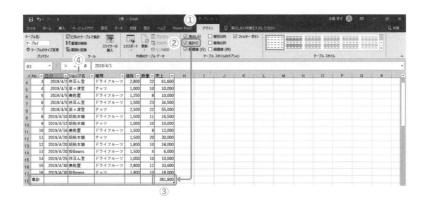

③

⑤「種類」のフィルターボタン［▼］をクリックして、表示されたメニューから⑥［すべて選択］のチェックを外して、⑦「ナッツ」にチェックを付けます。⑧［OK］ボタンをクリックすると、「種類」から「ナッツ」のレコードが抽出されます。

⑨同時に、集計行の「合計」が、抽出された「ナッツ」の「売上」だけの「合計」に変更されます。別の列の合計も求めたい時は、⑩追加された集計行の合計を求めたいセルを選択します。すると、フィルターボタン（▼）が表示されるので、クリックして表示されるメニューから［合計］を選択すると、その列の「合計」が求められます。

⑪集計方法を別のものに変更するには、変更する列のセルのフィルターボタン（▼）をクリックして表示されるメニューから選択します。

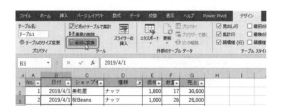

このように、追加した集計行のセルのリストから希望の集計方法を選ぶだけなので、表をテーブルに変換しておけば、すばやく抽出集計がおこなえます。

なお、［デザイン］タブの［ツール］グループの［範囲に変換］ボタンをクリックすると、テーブルに変換する前の表に戻せます。

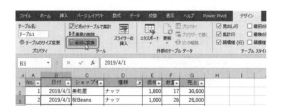

フィルターボタンで目的のレコードを抽出する

　ではここで、悩まずに目的のレコードを抽出して集計できるように、フィルターボタンを使って抽出できる内容について、かんたんに説明します。フィルターボタンは、冒頭で解説のフィルターのほか、第5章で解説のピボットテーブルでも表示され、ほぼ使い方は同じです。

　まず、検索ボックスを使うと、「〜を含む」といった一部の条件で抽出できます。たとえば、住所の東京都だけを抽出して人数を求めたい場合は、検索ボックスに「東京都」と入力して［OK］ボタンをクリックするだけです。

「東京都」だけが抽出されて
人数が求められる。

　この検索ボックスには、ワイルドカード（4-3節で解説）を条件にする一部の文字と一緒に使って、「〜で終わる」「〜で始まる」など、さまざまな一部の条件を指定することもできます。

　また、入力されているデータの種類に応じたフィルターを使えます。色を付けたセルやフォントがある場合は、①色フィルターを使って、色を条件に抽出できます。具体例のように文字列なら②テキストフィルター、数値なら③数値フィルター、日付なら④日付フィルターを使って抽出できます。

　それぞれのフィルターメニューをクリックすると、⑤［オートフィルターオプション］ダイアログを使って、AND ／ OR条件で詳細な条

CHAPTER 2
フィルターや行の非表示で
隠れた行を除いて集計する

件設定をおこなえます。そのほか、数値フィルターでは、⑥トップテンをクリックすると、［トップテンオートフィルター］ダイアログボックスを使って、上位／下位からの数値を抽出できます（使い方は第5章 具体例4 参照）。日付フィルターでは、⑦コンピューターの日付をもとに「先月」や「今週」などの条件で抽出できます。

文字列

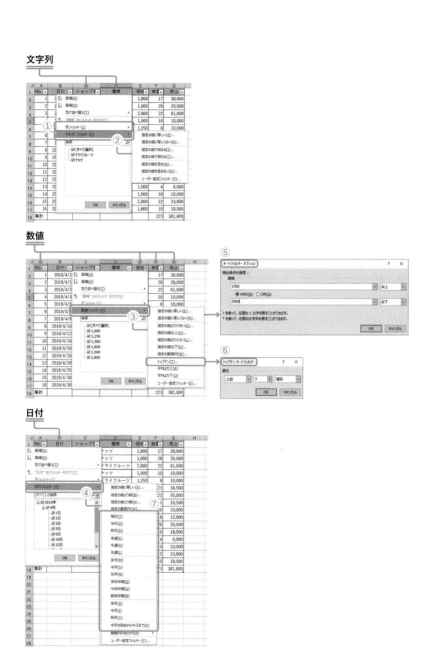

数値

日付

こうして抽出したレコードは、① ［データ］タブ→ ［並べ替えとフィ

ルター］グループ→［クリア］ボタンをクリックしてフィルターを解除することで、元の表に戻せます。フィールドごとに解除するなら、フィルターボタン［▼］をクリックして表示されるメニューから、②［●●からフィルターをクリア］を選択しましょう。

抽出の条件をわかりやすくする

ここまでの説明ですと、集計せずに抽出だけなら、テーブルとフィルターのどちらを使っても同じように思えます。しかし、テーブルには**スライサー**という抽出機能が備わっています（Excel2010にはありません）。スライサーを使えば、抽出条件をパレットで一覧表示できるので、複数条件でも「どんな条件で抽出して集計されているのか」がわかりやすくなります。

では、ためしに 具体例1 の売上管理表で、スライサーを使って3つのショップで抽出し、その売上合計を最終行に求めてみます。

① ［デザイン］タブ→［ツール］グループ→［スライサーの挿入］ボタンをクリック
② 表示された［スライサーの挿入］ダイアログボックスで、抽出するフィールドの「ショップ名」にチェックを入れる
③ ［OK］ボタンをクリック
④ 「ショップ名」の項目が一覧表示されたスライサーが表示される。抽出したい条件の「胡桃本舗」「菜ッ津堂」「美乾屋」をクリックすると、「ショップ名」がクリックした3つのショップで抽出されて、売上合計が最終行に求められる

クリックした3つのショップで抽出されて合計が求められる

フィルターボタン［▼］で抽出するより、どんな条件で集計されているのかわかりやすいでしょう。別の条件に変更するときも、スライサーで別の条件をクリックするだけで済むので、瞬時に違う条件で抽出集計表に切り替えられます。ただし、テーブルが大量のデータの場合、③で［OK］ボタンをクリックしたあと、スライサーが表示されるまで時間を要する場合があるので、注意が必要です。

このスライサーでの抽出は、スライサー右上の［フィルターのクリア］ボタンをクリックすると解除できます。スライサーが不要になったら、選択して Delete を押すと削除できます。

スライサーは、ピボットテーブルにもあります。5-4節でもくわしい使い方を解説しているので、こちらも参照してください。

2　抽出した集計値が求められるテーブルのしくみ

では、どうして表をテーブルに変換して集計行を追加すると集計値が求められるのでしょうか？　求められた集計値のセルの数式に注目してください。

| G18 | | : | × | ✓ | fx | =SUBTOTAL(109,[売上]) | ← 注目！！ |

A	B	C	D	E	F	G
No.	日付	ショップ	種類	価格	数量	売上
1	2019/4/1	栗乾屋	ナッツ	1,800	17	30,600
2	2019/4/1	桜Beans	ナッツ	1,000	26	26,000
4	2019/4/3	菜ッ津堂	ナッツ	1,000	10	10,000
7	2019/4/6	菜ッ津堂	ナッツ	2,500	22	55,000
9	2019/4/12	胡桃本舗	ナッツ	1,000	10	10,000
11	2019/4/20	胡桃本舗	ナッツ	1,500	20	30,000
16	2019/4/30	桜Beans	ナッツ	1,800	10	18,000
集計					110	179,600

具体例1 の表では、リストから「合計」を選択したのに、SUM関数ではなく、**SUBTOTAL関数**の数式で集計値が求められています。SUBTOTAL関数は、**フィルターや行の非表示で非表示になったセルを除いた集計値が求められるのです**。書式は、次のとおりです。

=SUBTOTAL(集計方法,参照1[,参照2,…,参照254])

引数の［集計方法］に集計する方法を以下の数値で指定し、［参照］に集計するセル範囲を指定して数式を作成すると、フィルターや行の非表示で非表示になったセルを除いた集計値が求められます。

SUBTOTAL関数の集計方法

集計方法		集計内容	関数
フィルターのみで非表示のセルを除外	フィルターと行の非表示で非表示のセルを除外		
1	101	平均	AVERAGE
2	102	数値の個数	COUNT
3	103	空白以外の個数	COUNTA
4	104	最大値	MAX
5	105	最小値	MIN
6	106	積	PRODUCT
7	107	標本に基づく標準偏差	STDEV
8	108	母集団の標準偏差	STDEVP
9	109	合計	SUM
10	110	標本に基づく分散	VAR
11	111	母集団の分散	VARP

つまり、 具体例1 の表では、集計行のセルのリストから［合計］を選択したため、SUBTOTAL関数の引数の［集計方法］に「合計」の集計方法の数値が指定された数式が自動で作成されて、抽出したデータの合計が求められるというしくみです。

　ただし、テーブルで自動作成される数式の引数の［集計方法］には、以下のように、フィルターのみではなく、フィルターと行の非表示の両方で非表示のセルを除外できる「101」～「111」のほうの数値が指定されます。

　　=SUBTOTAL(109,[売上])

　つまり、上記の数式では、［集計方法］が「109」なので、フィルターと行の非表示の両方で、非表示のセルを除外した合計が求められるというわけなのです。

　ためしに、「ナッツ」で抽出した具体例の表を、さらに直近3件だけが表示されるように、①上の行を非表示にしてみます。

　すると、②表示された3件だけの「ナッツ」の「数量」「売上」の合計に変更されました。

No.	日付	ショップ	種類	価格	数量	売上
9	2019/4/12	胡桃本舗	ナッツ	1,000	10	10,000
11	2019/4/20	胡桃本舗	ナッツ	1,500	20	30,000
16	2019/4/30	桜Beans	ナッツ	1,800	10	18,000
集計					②	58,000

表とは違うセルに 非表示セルを除く集計値を 求めよう

1　表とは違うセルに非表示セルを除く集計値を求めるには

　SUBTOTAL関数を使えば、フィルターや行の非表示を除く集計値が求められるということは、表の最終行だけではなく、表とは違うセルにも当然求められます。だから、以下のように、フィルターで抽出したデータの売上合計を表の上に求めたい時は、テーブルの力を借りなくても、ダイレクトにSUBOTAL関数の数式を書式に従って（書式は2-1節参照）入力すればいいわけです。

| F2 | ▼ | : | × | ✓ | fx | =SUBTOTAL(9,G5:G20) |

	A	B	C	D	E	F	G
1	**売上管理表**						
2				▶売上合計		179,600	
3							
4	No	日付	ショップ名	種類	価格	数量	売上
5	1	2019/4/1	美乾屋	ナッツ	1,800	17	30,600
6	2	2019/4/1	桜Beans	ナッツ	1,000	26	26,000
8	4	2019/4/3	菜ッ津堂	ナッツ	1,000	10	10,000
11	7	2019/4/6	菜ッ津堂	ナッツ	2,500	22	55,000
13	9	2019/4/12	胡桃本舗	ナッツ	1,000	10	10,000
15	11	2019/4/20	胡桃本舗	ナッツ	1,500	20	30,000
20	16	2019/4/30	桜Beans	ナッツ	1,800	10	18,000

> 「ナッツ」で抽出した「売上」の「合計」が求められる

　それでは、フィルターで抽出したデータの集計値を、表とは違うセルに求める手順を具体例で見ていきましょう。

具体例2　フィルターで抽出したデータの「合計」を表の上に求める

　売上管理表の「種類」から「ナッツ」だけを抽出して、表の上の「売上合計」に抽出した「売上」の「合計」を求めてみます。

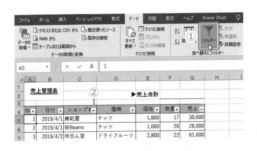

	A	B	C	D	E	F	G
1		売上管理表					
2				▶売上合計			
3							
4	No.	日付	ショップ名	種類	価格	数量	売上
5	1	2019/4/1	美乾屋	ナッツ	1,800	17	30,600
6	2	2019/4/1	桜Beans	ナッツ	1,000	26	26,000
7	3	2019/4/2	玲豆ん堂	ドライフルーツ	2,800	22	61,600
8	4	2019/4/3	菜ッ津堂	ナッツ	1,000	10	10,000
9	5	2019/4/3	美乾屋	ドライフルーツ	1,250	8	10,000
10	6	2019/4/5	玲豆ん堂	ドライフルーツ	1,500	23	34,500
11	7	2019/4/6	菜ッ津堂	ナッツ	2,500	22	55,000
12	8	2019/4/10	胡桃本舗	ドライフルーツ	1,500	11	16,500
13	9	2019/4/12	胡桃本舗	ナッツ	1,000	10	10,000
14	10	2019/4/16	美乾屋	ドライフルーツ	1,500	8	12,000

　まず、表にフィルターを設定します。①表内のセルを選択し、[データ]タブの[並べ替えとフィルター]グループから、[フィルター]ボタンをクリックします。②表の列見出しにフィルターボタン（▼）が表示されます。

　③「売上合計」のセルにSUBTOTAL関数を入力します。④引数の[集計方法]に「合計」の集計方法の数値「9」を入力し、⑤[参照]に集計する「売上」のセル範囲を選択して数式を作成します。

⑥「種類」のフィルターボタン［▼］をクリックして、「ナッツ」で抽出すると、⑦「ナッツ」だけの「売上合計」が求められます。

⚠	A	B	C	D		E	F	G	
1									
2	売上管理表				▶売上合計		179,600		⑦
3									
4	No▾	日付▾	ショップ▾	種類 ⬚▾		価格▾	数量▾	売上▾	
5	1	2019/4/1	美乾屋	ナッツ	⑥	1,800	17	30,600	
6	2	2019/4/1	桜Beans	ナッツ		1,000	26	26,000	
8	4	2019/4/3	菜ッ津堂	ナッツ		1,000	10	10,000	
11	7	2019/4/6	菜ッ津堂	ナッツ		2,500	22	55,000	
13	9	2019/4/12	胡桃本舗	ナッツ		1,000	10	10,000	
15	11	2019/4/20	胡桃本舗	ナッツ		1,500	20	30,000	
20	16	2019/4/30	桜Beans	ナッツ		1,800	10	18,000	

さらに、⑧「ショップ名」のフィルターボタン（▼）から「菜ッ津堂」を抽出すると、⑨「菜ッ津堂」の「ナッツ」の「売上合計」が求められます。

⚠	A	B	C	D		E	F	G	
1									
2	売上管理表				▶売上合計		65,000		⑨
3			⑧						
4	No▾	日付▾	ショップ ⬚▾	種類 ⬚▾		価格▾	数量▾	売上▾	
8	4	2019/4/3	菜ッ津堂	ナッツ		1,000	10	10,000	
11	7	2019/4/6	菜ッ津堂	ナッツ		2,500	22	55,000	

ほかの集計方法に変更するには、SUBTOTAL関数の引数の［集計方法］の数値を、別の集計方法の数値に変更します（数値は2-1節の表参照）。たとえば、①「平均」なら「1」に変更しましょう。

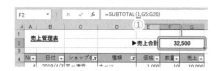

また、行の非表示にも対応しておきたい場合、引数の［集計方法］の数値は100をプラスした数値にします。ただ、このように**フィルターで抽出している表をさらに行の非表示で非表示にした場合は、100をプラスした数値にしなくてもこのままで求められます。**

以下の表は、「ナッツ」で抽出した表の直近3件だけが表示されるよう

に①上の行を非表示にした結果です。②表示した3件だけの「売上」の合計になっています。

ただし、フィルターを付けていても、一度も抽出していない表の行の非表示を除いた集計値は、100をプラスした数値でないと求められないので、注意してください。

COLUMN | **SUBTOTAL関数の入力をラクにする**

SUBTOTAL関数の入力をいちいち手動でおこなうのが面倒なときは、合計ボタンを使ってみましょう。**フィルターを使い、条件で抽出してから**、①合計ボタンを使うと、SUM関数ではなく②SUBTOTAL関数が挿入されます。

2 SUBTOTAL関数ではできない集計内容なら「AGGREGATE関数」を使う

　非表示のセルを除く集計を可能にするSUBTOTAL関数ですが、「非表示のセルを除いて売上2位を求めたい」という場合などは、SUBTOTAL関数では求められません。

　このような場合は、AGGREGATE関数を使うと求められます。書式は以下のとおりです。

　　セル範囲形式　＝AGGREGATE (集計方法,オプション,参照1[,参照2,…,参照252])

　　配列形式　＝AGGREGATE (集計方法,オプション,配列[,順位])

　SUBTOTAL関数にはない集計方法を指定でき、非表示のセルを無視して集計するだけでなく、エラー値を無視して集計するなどさまざまな無視する内容を引数の［オプション］で指定できるのが特徴です。引数の［集計方法］、［オプション］に指定する数値と、指定した数値で求められる内容は以下のとおりです。

集計方法

集計方法	集計内容	関数
1	平均	AVERAGE
2	数値の個数	COUNT
3	空白以外の個数	COUNTA
4	最大値	MAX
5	最小値	MIN
6	積	PRODUCT
7	標本に基づく標準偏差	STDEV.S
8	母集団の標準偏差	STDEV.P
9	合計	SUM
10	標本に基づく分散	VAR.S
11	母集団の分散	VAR.P
12	中央値	MEDIAN
13	最頻値	MODE.SNGL
14	上位からの順位	LARGE
15	下位からの順位	SMALL
16	百分率での位置	PERCENTILE.INC
17	四分位数での位置	QUARTILE.INC
18	百分率での位置	PERCENTILE.EXC
19	四分位数での位置	QUARTILE.EXC

オプション

オプション	無視する内容
0または省略	引数の[参照(配列)]に指定したセル範囲内のAGGREGATE関数、SUBTOTAL 関数の数式を含むセル
1	非表示の行、引数の[参照(配列)]に指定したセル範囲内のAGGREGATE関数、SUBTOTAL 関数の数式を含むセル
2	エラー値、引数の[参照(配列)]に指定したセル範囲内のAGGREGATE関数、SUBTOTAL 関数の数式を含むセル
3	非表示の行、エラー値、引数の[参照(配列)]に指定したセル範囲内のAGGREGATE関数、SUBTOTAL 関数の数式を含むセル
4	何も無視しない
5	非表示の行
6	エラー値
7	非表示の行、エラー値
9	合計
10	標本に基づく分散
11	母集団の分散
12	中央値
13	最頻値
14	上位からの順位
15	下位からの順位
16	百分率での位置
17	四分位数での位置
18	百分率での位置
19	四分位数での位置

　それでは実際に、フィルターで抽出したレコードの中で上位から2位の数値を表とは違うセルに求める手順を具体例で見ていきましょう。

具体例3 **フィルターで抽出したレコードの「上位から2位の数値」を表の上に求める**

　具体例2でフィルターを使い、「ナッツ」で抽出した表の上に、「ナッツ」の「売上2位」の「合計」を求めてみます。

① 「売上２位」を求めるセルに AGGREGATE 関数を入力する

② 引数の［集計方法］に集計内容「上位からの順位」の数値「14」を入力

③ ［オプション］に無視する内容「非表示の行」の数値「5」を入力

④ ［参照］に集計する「売上」のセル範囲を入力

⑤ ［順位］に２位なので「2」を入力して数式を作成（下位２位などは［集計方法］に「15」を指定))

⑤ 「種類」のフィルターボタン［▼］をクリックして、「ナッツ」で抽出

⑥ 「ナッツ」だけの「売上２位」の「合計」が求められる

▲	A	B	C	D	E	F	G
1	売上管理表						
2					▶売上	1位	
3						2位	30,600 ⑥
4					⑤		
5	No	日付	ショップ	種類	価格	数量	売上
6	1	2019/4/1	美乾屋	ナッツ	1,800	17	30,600
7	2	2019/4/1	桜Beans	ナッツ	1,000	26	26,000
9	4	2019/4/3	菜ッ津堂	ナッツ	1,000	10	10,000
12	7	2019/4/6	菜ッ津堂	ナッツ	2,500	22	55,000
14	9	2019/4/12	胡桃本舗	ナッツ	1,000	10	10,000
16	11	2019/4/20	胡桃本舗	ナッツ	1,500	20	30,000
21	16	2019/4/30	桜Beans	ナッツ	1,800	10	18,000

「売上1位」を求めたい場合は、SUBTOTAL関数を使うだけではなく、①上記の数式の引数［順位］を「1」にするだけでも求められます。

G2		✕ ✓ fx	=AGGREGATE(14,5,G6:G21,1)				
				①			
▲	A	B	C	D	E	F	G
1	売上管理表						
2					▶売上	1位	55,000
3						2位	30,600
4							
5	No	日付	ショップ	種類	価格	数量	売上
6	1	2019/4/1	美乾屋	ナッツ	1,800	17	30,600
7	2	2019/4/1	桜Beans	ナッツ	1,000	26	26,000
9	4	2019/4/3	菜ッ津堂	ナッツ	1,000	10	10,000
12	7	2019/4/6	菜ッ津堂	ナッツ	2,500	22	55,000
14	9	2019/4/12	胡桃本舗	ナッツ	1,000	10	10,000
16	11	2019/4/20	胡桃本舗	ナッツ	1,500	20	30,000
21	16	2019/4/30	桜Beans	ナッツ	1,800	10	18,000

　もしくは、売上1位は最大値のことなので、［集計方法］に集計内容「最大値」の「4」を入力して、「=AGGREGATE(4,5,E6:E13)」と数式を作成しても求められます。SUBTOTAL関数とAGGREGATE関数を使い分ける必要はありません。

　また、SUBTOTAL関数・AGGREGATE関数は表の最終行にも使えます。集計作業上、テーブルに変換できない表の場合は、①フィルターでデータを抽出しても、以下のように、最終行に集計値を求めて役目を果たせます。

No	日付	ショップ	種類	価格	数量	売上	
1	2019/4/1	美乾屋	ナッツ	1,800	17	30,600	
2	2019/4/1	桜Beans	ナッツ	1,000	26	26,000	
4	2019/4/3	菜ッ津堂	ナッツ	1,000	10	10,000	
7	2019/4/6	菜ッ津堂	ナッツ	2,500	22	55,000	
9	2019/4/12	胡桃本舗	ナッツ	1,000	10	10,000	
11	2019/4/20	胡桃本舗	ナッツ	1,500	20	30,000	
16	2019/4/30	桜Beans	ナッツ	1,800	10	18,000	
集計						179,600	

CHAPTER 3

めんどうな小計処理を
スピードアップする

決められた「小計」枠に
計算結果を一発で表示する

1 小計は「合計ボタン」+「Ctrl」キーを使おう

入力したデータをもとにした集計値は、ここまでのように表の最終行や最終列だけではなく、項目ごとの小計として表内に必要な場合もあります。たとえば、こんな感じの表です。

	A	B	C	D	E
1	地区名	ショップ名	年度	1月	2月
2	関東	胡桃本舗	2018	2,514	3,026
3	関東	胡桃本舗	2019	2,247	3,862
4	関東	胡桃本舗	計		
5	関東	菜ッ津堂	2018	1,855	2,485
6	関東	菜ッ津堂	2019	2,012	2,360
7	関東	菜ッ津堂	計		
8	関東	美乾屋	2018	2,030	3,448
9	関東	美乾屋	2019	2,538	4,311
10	関東	美乾屋	計		
11		関東地区計			
12	関西	桜Beans	2018	1,105	1,680
13	関西	桜Beans	2019	1,382	2,100
14	関西	桜Beans	計		
15	関西	玲豆ん堂	2018	2,481	2,200
16	関西	玲豆ん堂	2019	3,102	2,751
17	関西	玲豆ん堂	計		
18		関西地区計			
19		全地区計			

このような表でよくありがちな方法は、合計なら、「それぞれの小計でSUM関数を入力して求める」でしょう。SUM関数は、第1章で解説したように合計ボタンを使えば、いちいち入力しなくてもボタンのクリックで求められます。だから、1つ目の小計を求めるセルを選択して合計

ボタンをクリックでいいのです。

　ここで、少し考えてみてください。小計を求めるセルが5か所程度なら、小計を求めるセルごとに合計ボタンをクリックしても面倒ではないですが、これが10か所、20か所以上になると、ちょっと面倒です。だから、**小計を求めるセルを Ctrl ですべて選択してから合計ボタンをクリックする**ようにしましょう。1-3節にも触れているように、離れたセルを選択する時に使う Ctrl と合わせれば、合計ボタンはたった一度のクリックで、小計の数がどんなに多くても一度に求められます。

　さらに、1-3節でも触れていますが、総計で合計ボタンを使うと、SUM関数が入力された小計だけを自動選択してくれるので、総計も小計と一緒に Ctrl で選択してしまえば、すべて求められます。ただし、表に何も集計する数値が入力されていない場合は、この方法では求められないので注意してください。

　それでは、合計ボタンと Ctrl を使って、スピーディーに項目ごとの小計を求める手順を見ていきましょう。

具体例1 複数の小計を一度に求める

　表内のすべての「合計」の小計と最後の総計を、合計ボタン1回のクリックで求めてみます。

　①1つ目の小計を求めるセルを範囲選択し、 Ctrl を押しながら、②残

CHAPTER 3
めんどうな小計処理を
スピードアップする

りのすべての小計と③総計を求めるセルをそれぞれ範囲選択します。

	A	B	C	D	E	
1	地区名	ショップ名	年度	1月	2月	
2	関東	胡桃本舗	2018	2,514	3,026	
3	関東	胡桃本舗	2019	2,247	3,862	
4	関東	胡桃本舗	計			①
5	関東	菜ッ津堂	2018	1,855	2,485	
6	関東	菜ッ津堂	2019	2,012	2,360	
7	関東	菜ッ津堂	計			
8	関東	美乾屋	2018	2,030	3,448	
9	関東	美乾屋	2019	2,538	4,311	
10	関東	美乾屋	計			
11	関東地区計					
12	関西	桜Beans	2018	1,105	1,680	②
13	関西	桜Beans	2019	1,382	2,100	
14	関西	桜Beans	計			
15	関西	玲豆ん堂	2018	2,481	2,200	
16	関西	玲豆ん堂	2019	3,102	2,751	
17	関西	玲豆ん堂	計			
18	関西地区計					
19	全地区計					③

④ [数式] タブの [関数ライブラリー] グループの合計ボタンをクリックすると、⑤表内のすべての小計と最後の総計が求められます。

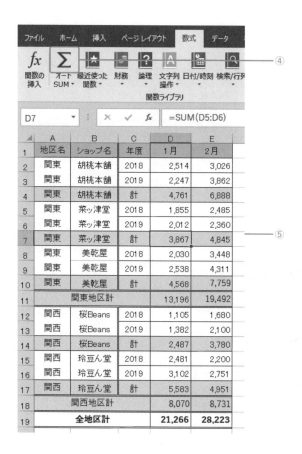

それぞれの小計の数式を確認してみましょう。⑥それぞれに集計した
いセル範囲を使ったSUM関数の数式がばっちりと入力されています。

セル D7: `=SUM(D5:D6)` ⑥

	A	B	C	D	E
1	地区名	ショップ名	年度	1月	2月
2	関東	胡桃本舗	2018	2,514	3,026
3	関東	胡桃本舗	2019	2,247	3,862
4	関東	胡桃本舗	計	4,761	6,888
5	関東	菜ッ津堂	2018	1,855	2,485
6	関東	菜ッ津堂	2019	2,012	2,360
7	関東	菜ッ津堂	計	3,867	4,845
8	関東	美乾屋	2018	2,030	3,448
9	関東	美乾屋	2019	2,538	4,311

　さらに、総計は、⑦「関東地区計」と「関西地区計」のセルだけを指定した数式で求められています。

セル E19: `=SUM(E18,E11)` ⑦

	A	B	C	D	E
1	地区名	ショップ名	年度	1月	2月
2	関東	胡桃本舗	2018	2,514	3,026
3	関東	胡桃本舗	2019	2,247	3,862
4	関東	胡桃本舗	計	4,761	6,888
5	関東	菜ッ津堂	2018	1,855	2,485
6	関東	菜ッ津堂	2019	2,012	2,360
7	関東	菜ッ津堂	計	3,867	4,845
8	関東	美乾屋	2018	2,030	3,448
9	関東	美乾屋	2019	2,538	4,311
10	関東	美乾屋	計	4,568	7,759
11	関東地区計			13,196	19,492
12	関西	桜Beans	2018	1,105	1,680
13	関西	桜Beans	2019	1,382	2,100
14	関西	桜Beans	計	2,487	3,780
15	関西	玲豆ん堂	2018	2,481	2,200
16	関西	玲豆ん堂	2019	3,102	2,751
17	関西	玲豆ん堂	計	5,583	4,951
18	関西地区計			8,070	8,731
19	全地区計			21,266	28,223

もちろん、列並びで小計を求める場合にも有効です。ただし、**集計するセルの並びの途中に空白セルや文字のセルがある場合、空白セルや文字のセルまでが自動選択されてしまうので注意が必要です。**

また、集計するセルの並びの途中に空白セルや文字のセルがない、このような表の場合でも、合計ボタンの［▼］をクリックして表示されるメニューからできる「平均」「件数」「最大値」「最小値」の場合は、小計を求めるセルではなく、①**小計の集計対象となるセル範囲を** Ctrl **で選択しなければできません。**

なお、**この集計対象となるセル範囲を選択する方法は、選択した下の行のみに結果が求められます。** そのため、列並びで「合計」以外の小計を求める場合は、クロス表の行列端に求める時のように、それぞれに Ctrl で選択する範囲は、集計対象と求めるセルすべてでなければ求められません。

CHAPTER 3
めんどうな小計処理を
スピードアップする

たとえば、以下の列並びの「平均」を一度に求めるなら、①B3セル 〜 D4セルを範囲選択して、 Ctrl を押しながら②E3セル〜G4セルを範囲選択して、③合計ボタンの［▼］をクリックして表示されるメニューから「平均」を選択しましょう。

このように、合計ボタンを使って小計を求める場合、「合計」以外は、選択方法をまちがうと一度にパッと求められないので十分に注意が必要です。

「小計」枠がなければ、枠作り&計算を同時に処理しよう

1 「集計」を使えば小計枠と計算の追加が同時におこなえる

さて次に、以下のような表に小計が必要になった場合はどうしたらいいのでしょうか。ショップごとの小計が必要なのに、これまで解説した表のように、日付以外の項目がきちんと並べ替えているのではなく、バラバラに入力されてしまっています。

	A	B	C	D	E	F	G
1	No.	日付	ショップ名	種類	価格	数量	売上
2	1	2019/4/1	美乾屋	ナッツ	1,800	17	30,600
3	2	2019/4/1	桜Beans	ナッツ	1,000	26	26,000
4	3	2019/4/2	玲豆ん堂	ドライフルーツ	2,800	22	61,600
5	4	2019/4/3	菜ッ津堂	ナッツ	1,000	10	10,000
6	5	2019/4/5	美乾屋	ドライフルーツ	1,250	8	10,000
7	6	2019/4/5	玲豆ん堂	ドライフルーツ	1,500	23	34,500
8	7	2019/4/6	菜ッ津堂	ナッツ	2,500	22	55,000
9	8	2019/4/10	胡桃本舗	ドライフルーツ	1,500	11	16,500
10	9	2019/4/12	胡桃本舗	ナッツ	1,000	10	10,000
11	10	2019/4/16	美乾屋	ドライフルーツ	1,500	8	12,000
12	11	2019/4/20	胡桃本舗	ナッツ	1,500	20	30,000
13	12	2019/4/20	胡桃本舗	ドライフルーツ	1,800	10	18,000

このような表にショップごとの小計を追加したいなら、以下のような手順をおこなわなければいけません。

① 「ショップ名」の列を基準にショップごとに並べ替える

②ショップごとに行を挿入して小計枠を作成する

③作成した小計枠に合計ボタンで小計を求める

「日付」ごとの小計を追加するならば、表の日付はすでに日付ごとに並んでいるので、②と③の手順だけで済みますが、それでも日付が1か月分ある表なら、30個または31個の小計枠を作成しなければならなくなります。こんな面倒なことはやってられません。

このような場合は、**小計枠と小計の数式を同時に作成する**という集計の機能を使いましょう。どんなに項目が多くても小計枠を自動追加して小計を求められる、まさに一石二鳥の集計なのです。ただし、データベース機能のため、データベース用の表としてルールを守った表に整えておく必要があります（序章2節参照）。

また、**「集計」はデータをグループに分類してグループごとに集計する機能です。**そのため、グループに分類できるように、集計を使う前には以下の2つの鉄則を守る必要があります。

鉄則1　グループの基準となる項目は項目ごとに並べ替える

	A	B	C
1	ショップ名	月	売上
2	胡桃本舗	1月	2,247
3	胡桃本舗	2月	3,862
4	桜Beans	1月	1,382
5	桜Beans	2月	2,100
6	菜ッ津堂	1月	2,012
7	菜ッ津堂	2月	2,360

月別に
小計を挿入したい

	A	B	C
1	ショップ名	月	売上
2	胡桃本舗	1月	2,247
3	桜Beans	1月	1,382
4	菜ッ津堂	1月	2,012
5	胡桃本舗	2月	3,862
6	桜Beans	2月	2,100
7	菜ッ津堂	2月	2,360

月別に並べ替える

鉄則2　グループ基準となる項目がなければ表外に作成する（作成した列は、小計追加後に非表示にしておけば余分な列を表示させなくて済む）

	A	B	C
1	ショップ名	月	売上
2	胡桃本舗	1月	2,247
3	胡桃本舗	2月	3,862
4	桜Beans	1月	1,382
5	桜Beans	2月	2,100
6	菜ッ津堂	1月	2,012
7	菜ッ津堂	2月	2,360

地区別に
小計を挿入したい

	A	B	C	D
1	ショップ名	月	売上	地区名
2	桜Beans	1月	1,382	関西
3	菜ッ津堂	2月	2,360	関西
4	胡桃本舗	1月	2,247	関東
5	胡桃本舗	2月	3,862	関東
6	桜Beans	2月	2,100	関東
7	菜ッ津堂	1月	2,012	関東

地区名の列を作成して
地区ごとに並べ替える

それでは、集計で小計を追加する手順を見ていきましょう。

具体例2 項目別に小計を追加する

売上管理表に、ショップごとの「数量」「売上」の小計（合計）を追加してみます。小計の基準となる「ショップ名」は順番がバラバラで入力されています。まずは、表をショップごとに並べ替えてから集計を実行します。

	A	B	C	D	E	F	G
1	No.	日付	ショップ名	種類	価格	数量	売上
2	1	2019/4/1	美乾屋	ナッツ	1,800	17	30,600
3	2	2019/4/1	桜Beans	ナッツ	1,000	26	26,000
4	3	2019/4/2	玲豆ん堂	ドライフルーツ	2,800	22	61,600
5	4	2019/4/3	菜ッ津堂	ナッツ	1,000	10	10,000
6	5	2019/4/5	美乾屋	ドライフルーツ	1,250	8	10,000
7	6	2019/4/5	玲豆ん堂	ドライフルーツ	1,500	23	34,500
8	7	2019/4/6	菜ッ津堂	ナッツ	2,500	22	55,000
9	8	2019/4/10	胡桃本舗	ドライフルーツ	1,500	11	16,500
10	9	2019/4/12	胡桃本舗	ナッツ	1,000	10	10,000
11	10	2019/4/16	美乾屋	ドライフルーツ	1,500	8	12,000

①「ショップ名」のセルを1つ選択し、[データ] タブの [並べ替えとフィルター] グループから [昇順] ボタンをクリック

②表をショップごとに並べ替える

独自の順番で並べ替えるには、あらかじめ、［ファイル］タブ→［オプション］→［詳細設定］→［ユーザー設定リストの編集］ボタンで並べる順番で入力して登録しておきましょう。

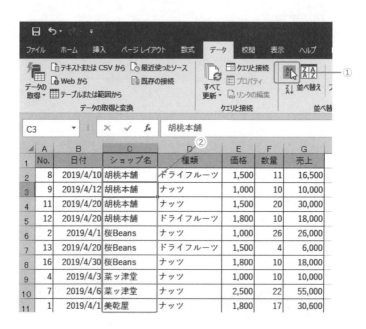

③表内のセルを１つ選択し、［データ］タブの［アウトライン］グループから［小計］ボタンをクリック

④表示された［集計の設定］ダイアログボックスで、［グループの基準］
　→小計の基準となる列見出しを選択する（ここではショップごとの小
　計なので「ショップ名」）

⑤［集計の方法］→小計したい集計方法を選択（ここでは「合計」）

⑥［集計するフィールド］→小計を求める列見出しにチェックを入れる
　（ここでは「数量」と「売上」の小計を求めるので「数量」と「売上」）

⑦［OK］ボタンをクリック

⑧ショップごとに自動で小計行が追加され、「数量」と「売上」の合計
　の小計が入力された表が完成

			A	B	C	D	E	F	G
	3		No.	日付	ショップ名	種類	価格	数量	売上
	4	1	8	2019/4/10	胡桃本舗	ドライフルーツ	1,500	11	16,500
	5	2	9	2019/4/12	胡桃本舗	ナッツ	1,000	10	10,000
	6	3	11	2019/4/20	胡桃本舗	ナッツ	1,500	20	30,000
	7	4	12	2019/4/20	胡桃本舗	ドライフルーツ	1,800	10	18,000
	8	5			胡桃本舗 集計			51	74,500
	9	6	2	2019/4/1	桜Beans	ナッツ	1,000	26	26,000
	10	7	13	2019/4/20	桜Beans	ドライフルーツ	1,500	4	6,000
	11	8	16	2019/4/30	桜Beans	ナッツ	1,800	10	18,000
	12	9			桜Beans 集計			40	50,000
	13	10	4	2019/4/3	菜ッ津堂	ナッツ	1,000	10	10,000
	14	11	7	2019/4/6	菜ッ津堂	ナッツ	2,500	22	55,000
	15	12			菜ッ津堂 集計			32	65,000
	16	13	1	2019/4/1	美乾屋	ナッツ	1,800	17	30,600

⑧

　挿入した小計を別の集計方法に変更したい場合は、①再度、［小計］
ボタンをクリックし、［集計の設定］ダイアログボックスを表示させて、
②［集計の方法］から選び直すだけでできます。

こうして集計で挿入した小計は、［集計の設定］ダイアログボックスで［すべて削除］ボタンをクリックすると削除できるので、かんたんに元の表に戻せます。ただし、集計の前に手順①で表を並べ替えてしまっているため、［昇順］ボタンのクリックで元の順番に戻せるように、この具体例のように通し番号を付けておくのがおすすめです。

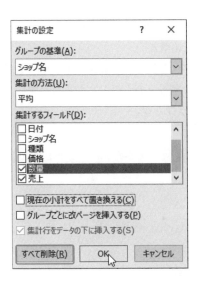

2　複数の集計方法はその数だけ「集計」を使おう

　集計で追加できる小計は、1つの集計方法だけではありません。「合計」と「平均」のように複数の集計方法で小計を追加できます。複数の集計方法で小計を追加するには、**集計方法の数だけ集計を使います**。つまり、「合計」「平均」の小計なら集計を2回使い、「合計」「平均」「件数」の小計なら集計を3回使えばいいだけです。ただし、**2回目以降は、作成済みの小計が置き換えられないように設定を変更するのがコツです**。

　具体例2 で追加した「合計」の小計に、「平均」の小計も追加するには、次の手順をおこないます。

① 表内のセルを１つ選択し、[データ] タブの [アウトライン] グループから [小計] ボタンをクリックして、再び、[集計の設定] ダイアログボックスを表示させる

② [グループの基準] には「合計」の小計の時と同じように「ショップ名」

③ [集計の方法] には「平均」を選択

④ [集計するフィールド] も「合計」の小計の時と同じように「数量」「売上」にチェックを入れる

⑤ **[現在の小計をすべて置き換える] のチェックを必ず外す**（チェックを外すことで、作成済みの「合計」の小計が置き換えられずに済む）

⑥ [OK] ボタンをクリック

⑦ ショップごとの「合計」の小計の上に、「平均」の小計が追加されました。

1 2 3 4	A	B	C	D	E	F	G	
1	No.	日付	ショップ名	種類	価格	数量	売上	
2	8	2019/4/10	胡桃本舗	ドライフルーツ	1,500	11	16,500	
3	9	2019/4/12	胡桃本舗	ナッツ	1,000	10	10,000	
4	11	2019/4/20	胡桃本舗	ナッツ	1,500	20	30,000	
5	12	2019/4/20	胡桃本舗	ドライフルーツ	1,800	10	18,000	
6			胡桃本舗 平均			12.75	18,625	⑦
7			胡桃本舗 集計			51	74,500	
8	2	2019/4/1	桜Beans	ナッツ	1,000	26	26,000	
9	13	2019/4/20	桜Beans	ドライフルーツ	1,500	4	6,000	
10	16	2019/4/30	桜Beans	ナッツ	1,800	10	18,000	
11			桜Beans 平均			13.33	16,667	
12			桜Beans 集計			40	50,000	
13	4	2019/4/3	菜ッ津堂	ナッツ	1,000	10	10,000	

集計機能による小計と総計の数式のしくみ

　ここで、集計により自動で追加された小計の数式に注目してください。

G6　　　　　f_x　=SUBTOTAL(1,G2:G5)

1 2 3 4	A	B	C	D	E	F	G
1	No.	日付	ショップ名	種類	価格	数量	売上
2	8	2019/4/10	胡桃本舗	ドライフルーツ	1,500	11	16,500
3	9	2019/4/12	胡桃本舗	ナッツ	1,000	10	10,000
4	11	2019/4/20	胡桃本舗	ナッツ	1,500	20	30,000
5	12	2019/4/20	胡桃本舗	ドライフルーツ	1,800	10	18,000
6			胡桃本舗 平均			12.75	18,625
7			胡桃本舗 集計			51	74,500
8	2	2019/4/1	桜Beans	ナッツ	1,000	26	26,000

　なんと、テーブルで自動作成された数式と同じように、SUM関数やAVERAGE関数ではなく、すべてSUBTOTAL関数で作成されています。[集計の設定] ダイアログボックスの [集計の方法] で [合計] を選択したので、「合計」の小計には引数の [集計方法] に「9」が、2回目の [集計の方法] では [平均] を選択したので、「平均」の「1」が指定されてSUBTOTAL関数の数式が作成されるのです。そうです、このしくみは、第2章で説明したテーブルとまったく同じですね。

　では、最後の「総計」の数式を見てみましょう。

	G29	▾	:	×	✓	fx	=SUBTOTAL(9,G2:G25)	

1 2 3 4		A	B	C	D	E	F	G
	1	No.	日付	ショップ名	種類	価格	数量	売上
	2	8	2019/4/10	胡桃本舗	ドライフルーツ	1,500	11	16,500
	3	9	2019/4/12	胡桃本舗	ナッツ	1,000	10	10,000
	4	11	2019/4/20	胡桃本舗	ナッツ	1,500	20	30,000
	5	12	2019/4/20	胡桃本舗	ドライフルーツ	1,800	10	18,000
	6			胡桃本舗 平均			12.75	18,625
	7			胡桃本舗 集計			51	74,500
	8	2	2019/4/1	桜Beans	ナッツ	1,000	26	26,000
	9	13	2019/4/20	桜Beans	ドライフルーツ	1,500	4	6,000
	10	16	2019/4/30	桜Beans	ナッツ	1,800	10	18,000
	11			桜Beans 平均			13.33	16,667
	12			桜Beans 集計			40	50,000
	13	4	2019/4/3	菜ッ津堂	ナッツ	1,000	10	10,000
	14	7	2019/4/6	菜ッ津堂	ナッツ	2,500	22	55,000
	15			菜ッ津堂 平均			16	32,500
	16			菜ッ津堂 集計			32	65,000
	17	1	2019/4/1	美乾屋	ナッツ	1,800	17	30,600
	18	5	2019/4/5	美乾屋	ドライフルーツ	1,250	8	10,000
	19	10	2019/4/16	美乾屋	ドライフルーツ	1,500	8	12,000
	20	15	2019/4/30	美乾屋	ドライフルーツ	2,800	12	33,600
	21			美乾屋 平均			11.25	21,550
	22			美乾屋 集計			45	86,200
	23	3	2019/4/2	玲豆ん堂	ドライフルーツ	2,800	22	61,600
	24	6	2019/4/5	玲豆ん堂	ドライフルーツ	1,500	23	34,500
	25	14	2019/4/25	玲豆ん堂	ドライフルーツ	1,000	10	10,000
	26			玲豆ん堂 平均			18.33	35,367
	27			玲豆ん堂 集計			55	106,100
	28			全体の平均			13.94	23,863
	29			総計			223	381,800

　数式は「売上」のセルをすべて指定しているのに、SUBTOTAL関数で求められている「合計」「平均」の小計は除いて、「総計」が求められています。もし、小計がSUM関数とAVERAGE関数で求められていると、小計をすべて含めた「総計」になってしまいます。

| | G6 | | | : | × | ✓ | fx | =AVERAGE(G2:G5) | |

1 2 3 4		A	B	C	D	E	F	G
	1	No.	日付	ショップ名	種類	価格	数量	売上
	2	8	2019/4/10	胡桃本舗	ドライフルーツ	1,500	11	16,500
	3	9	2019/4/12	胡桃本舗	ナッツ	1,000	10	10,000
	4	11	2019/4/20	胡桃本舗	ナッツ	1,500	20	30,000
	5	12	2019/4/20	胡桃本舗	ドライフルーツ	1,800	10	18,000
	6			胡桃本舗 平均			12.75	18,625
	7			胡桃本舗 集計			51	93,125
	8	2	2019/4/1	桜Beans	ナッツ	1,000	26	26,000
	9	13	2019/4/20	桜Beans	ドライフルーツ	1,500	4	6,000
	10	16	2019/4/30	桜Beans	ナッツ	1,800	10	18,000
	11			桜Beans 平均			13.33	16,667
	12			桜Beans 集計			40	66,667
	13	4	2019/4/3	菜ッ津堂	ナッツ	1,000	10	10,000
	14	7	2019/4/6	菜ッ津堂	ナッツ	2,500	22	55,000
	15			菜ッ津堂 平均			16	32,500
	16			菜ッ津堂 集計			32	97,500
	17	1	2019/4/1	美乾屋	ナッツ	1,800	17	30,600
	18	5	2019/4/5	美乾屋	ドライフルーツ	1,250	8	10,000
	19	10	2019/4/16	美乾屋	ドライフルーツ	1,500	8	12,000
	20	15	2019/4/30	美乾屋	ドライフルーツ	2,800	12	33,600
	21			美乾屋 平均			11.25	21,550
	22			美乾屋 集計			45	107,750
	23	3	2019/4/2	玲豆ん堂	ドライフルーツ	2,800	22	61,600
	24	6	2019/4/5	玲豆ん堂	ドライフルーツ	1,500	23	34,500
	25	14	2019/4/25	玲豆ん堂	ドライフルーツ	1,000	10	10,000
	26			玲豆ん堂 平均			18.33	
	27			玲豆ん堂 集計			55	141,467
	28			全体の平均			13.94	23,863
	29			総計			223	836,183

小計をすべて含めた「総計」になってしまう。

　つまり、SUBTOTAL関数は、**SUBTOTAL関数で求めた小計に限り、小計を除いて集計値が求められるのです**。そのため、集計を使わない（もしくは使えない3-1節のような独自で小計枠を作成した表）で小計を除く集計値を求める場合、正しく求められないときは、SUBTOTAL関数を使うととても役に立ちます。

　たとえば、正しく求められないのはこんな場合です。通常、SUM関数で小計を求めておけば、小計を除く集計値（総計）は合計ボタンで小計のセルだけを自動選択してくれるので、スピーディーに求められます（1-3節参照）。しかし、以下のような場合は、合計ボタンを使って自動

選択に頼っても正しく求められません。

　小計を SUM 関数以外の関数で求めている場合、小計を含む上のセル
範囲すべてが自動選択されてしまう
　小計を除く集計値（総計）を求めるセルから最も近いセルに「平均」
など別の数式のセルがある場合、その数式のセルだけが自動選択され
てしまう

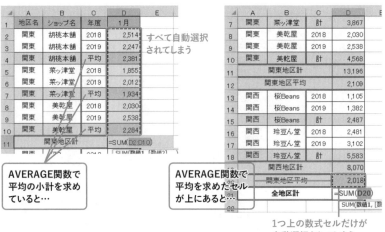

　集計するセルだけを選択すれば解決できますが、小計の数が多いと結
構面倒です。このような場合に、SUBTOTAL関数で小計を求めておけ
ば、小計を除く集計値（総計）はSUBTOTAL関数を使って、集計する
すべてのセル範囲を一気に選択するだけで求められるわけなのです。

ただし、小計を入れるセルが大量にあると、SUBTOTAL関数を入力するのは大変です。すでにSUM関数以外の関数で小計を複数作成してしまった表であれば、 Ctrl + H を押して［検索と置換］ダイアログボックスを表示させたなら、以下のように入力して［すべて置換］ボタンをクリックすると、一気にSUBTOTAL関数の小計に置き換えられます。

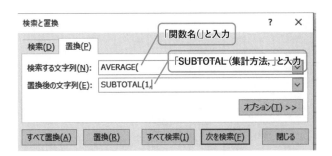

3　SUBTOTAL関数でできない小計を除く集計はAGGREGATE関数を使う

なお、この小計の数式は、SUBTOTAL関数と似た機能をもつ

AGGREGATE関数（2-2節参照）で求めても可能です。さらに、AGGREGATE関数でも、引数の［オプション］に「1」～「3」を入力、または省略することで、SUBTOTAL関数と同じように、SUBTOTAL関数やAGGREGATE関数で求めた小計を除いた集計値が求められます。

　AGGREGATE関数を使うと、SUBTOTAL関数では求められない、小計を除いて上位／下位からの順にある数値や指定のパーセントにある値が求められます。

　たとえば、小計を除いて売上1位～3位を求める場合です。①求めるセルにAGGREGATE関数を入力し、②引数の［集計方法］に「14」（小さい方からの順位は「15」）、③［オプション］は「0」を入力、または省略、④［参照］に絶対参照にした「売上」のセル範囲を選択、⑤［順位］に順位のセルを選択して数式を作成します。⑥数式を必要なだけオートフィルでコピーすると、小計を除いて売上の1位～3位が一度に求められます。

H2			× ✓ fx	=AGGREGATE(14,,$D$2:$D$18,F2)				
	A	B	C	D	E	F	G	H
1	地区名	ショップ名	年度	1月		売上ベスト3		
2	関東	胡桃本舗	2018	2,514		1	位	3,102
3	関東	胡桃本舗	2019	2,247		2	位	2,538
4	関東	胡桃本舗	平均	2,381		3	位	2,514
5	関東	菜ッ津堂	2018	1,855				
6	関東	菜ッ津堂	2019	2,012				
7	関東	菜ッ津堂	平均	1,934				
8	関東	美乾屋	2018	2,030				
9	関東	美乾屋	2019	2,538				
10	関東	美乾屋	平均	2,284				
11	関東地区計			13,196				
12	関西	桜Beans	2018	1,105				
13	関西	桜Beans	2019	1,382				
14	関西	桜Beans	平均	1,244				
15	関西	玲豆ん堂	2018	2,481				
16	関西	玲豆ん堂	2019	3,102				
17	関西	玲豆ん堂	平均	2,792				
18	関西地区計			8,070				

AGGREGATE関数の引数の［集計方法］に「16」〜「19」を指定すれば、小計を除いて指定のパーセントにある値も求められるというわけです。

3　大分類／小分類の小計は階層順に「並べ替え」よう

集計を使うと、大分類／小分類のグループに分類して階層ごとに小計を追加することも可能です。つまり、先程のショップごとの小計内で、さらにそれぞれのショップに属する項目ごとの小計を追加することもかんたんにできるのです。

1 2 3 4		A	B	C	D	E	F	G	
	1	No.	日付	ショップ名	種類	価格	数量	売上	
	2	8	2019/4/10	胡桃本舗	ドライフルーツ	1,500	11	16,500	小分類の小計
	3	12	2019/4/20	胡桃本舗	ドライフルーツ	1,800	10	18,000	
	4				ドライフルーツ 集計		21	34,500	
	5	9	2019/4/12	胡桃本舗	ナッツ	1,000	10	10,000	
	6	11	2019/4/20	胡桃本舗	ナッツ	1,500	20	30,000	
	7				ナッツ 集計		30	40,000	
	8			胡桃本舗 集計				74,500	
	9	13	2019/4/20	桜Beans	ドライフルーツ	1,500	4	6,000	大分類の小計
	10				ドライフルーツ 集計		4	6,000	
		2	2019/4/1	桜Beans	ナッツ	1,000	26	26,000	

このような階層ごとの小計を追加するには、**集計を使う前に階層順の優先順位で並べ替えておく必要があります。**「ショップ名」を大分類、「種類」を小分類にする場合は、第1優先キーに「ショップ名」、第2優先キーに「種類」を指定して並べ替えます。

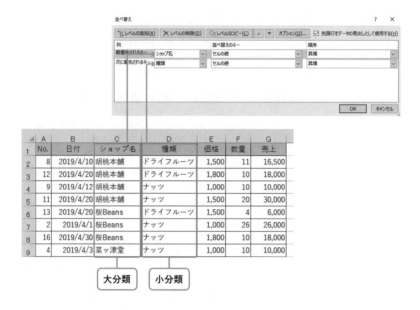

	A	B	C	D	E	F	G
1	No.	日付	ショップ名	種類	価格	数量	売上
2	8	2019/4/10	胡桃本舗	ドライフルーツ	1,500	11	16,500
3	12	2019/4/20	胡桃本舗	ドライフルーツ	1,800	10	18,000
4	9	2019/4/12	胡桃本舗	ナッツ	1,000	10	10,000
5	11	2019/4/20	胡桃本舗	ナッツ	1,500	20	30,000
6	13	2019/4/20	桜Beans	ドライフルーツ	1,500	4	6,000
7	2	2019/4/1	桜Beans	ナッツ	1,000	26	26,000
8	16	2019/4/30	桜Beans	ナッツ	1,800	10	18,000
9	4	2019/4/3	菜ッ津堂	ナッツ	1,000	10	10,000

大分類　　小分類

　そして、階層順の優先順位で集計を実行します。**2つめの階層以降は、複数の集計方法で小計を追加したときと同じように、作成済みの小計が置き換えられないように設定を変更するのがコツです。**それでは、分類、小分類の2階層で小計を作成する手順を見ていきましょう。

具体例3 大分類、小分類で小計を追加する

　売上管理表に、「ショップ名」を大分類、「種類」を小分類にして、それぞれの小計（合計）を追加してみます。まず、「ショップ名」「種類」の優先順位で並べ替えます。

No.	日付	ショップ名	種類	価格	数量	売上
1	2019/4/1	美乾屋	ナッツ	1,800	17	30,600
2	2019/4/1	桜Beans	ナッツ	1,000	26	26,000
3	2019/4/2	玲豆ん堂	ドライフルーツ	2,800	22	61,600
4	2019/4/3	菜ッ津堂	ナッツ	1,000	10	10,000
5	2019/4/5	美乾屋	ドライフルーツ	1,250	8	10,000
6	2019/4/5	玲豆ん堂	ドライフルーツ	1,500	23	34,500
7	2019/4/6	菜ッ津堂	ナッツ	2,500	22	55,000
8	2019/4/10	胡桃本舗	ドライフルーツ	1,500	11	16,500
9	2019/4/12	胡桃本舗	ナッツ	1,000	10	10,000
10	2019/4/16	美乾屋	ドライフルーツ	1,500	8	12,000

①表内のセルを１つ選択し、［データ］タブの［並べ替えとフィルター］グループから［並べ替え］ボタンをクリック

②表示された［並べ替え］ダイアログボックスで［最優先されるキー］に「ショップ名」を選択し、並べ替えるキーに「値」、並べ替える順番に「昇順」を選択

③［レベルの追加］ボタンをクリック

④［次に優先されるキー］に「種類」を選択し、並べ替えるキーに「値」、並べ替える順番に「昇順」を選択

⑤［OK］ボタンをクリック

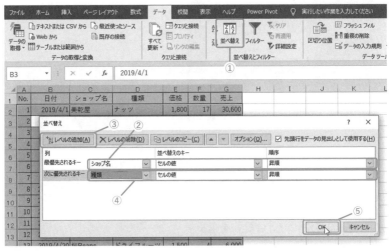

CHAPTER 3
めんどうな小計処理を
スピードアップする

表がショップごとに、同じショップ内は同じ種類ごとに並べ替えられ
ます。これで準備ができたので、大分類の小計から追加します。

⑥表内のセルを選択し［データ］タブの［アウトライン］グループから
　［小計］ボタンをクリック

⑦表示された［集計の設定］ダイアログボックスで、［グループの基準］
　→「ショップ名」を選択

⑧ ［集計の方法］→「合計」を選択

⑨ ［集計するフィールド］→「数量」「売上」にチェックを入れる

⑩ ［OK］ボタンをクリック

⑪ショップごとに小計が追加された

　次に小分類の小計を追加します。

⑫再び、［データ］タブの［小計］ボタンをクリック

⑬表示された［集計の設定］ダイアログボックスで、⑬［グループの基
　準］→「種類」を選択

⑭ ［集計の方法］→「合計」を選択

⑮ ［集計するフィールド］→「数量」「売上」にチェックを入れる

⑯ **［現在の小計をすべて置き換える］のチェックを外す**

⑰ ［OK］ボタンをクリック

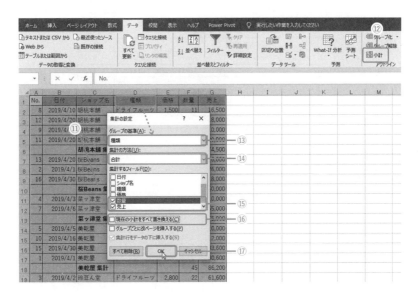

⑱ ショップごとの小計が追加され、同じショップ内は種類ごとの小計が
追加された表が完成します。

	A	B	C	D	E	F	G
1	No.	日付	ショップ名	種類	価格	数量	売上
2	8	2019/4/10	胡桃本舗	ドライフルーツ	1,500	11	16,500
3	12	2019/4/20	胡桃本舗	ドライフルーツ	1,800	10	18,000
4				**ドライフルーツ 集計**		21	34,500
5	9	2019/4/12	胡桃本舗	ナッツ	1,000	10	10,000
6	11	2019/4/20	胡桃本舗	ナッツ	1,500	20	30,000
7				**ナッツ 集計**		30	40,000
8			**胡桃本舗 集計**				74,500
9	13	2019/4/20	桜Beans	ドライフルーツ	1,500	4	6,000
10				**ドライフルーツ 集計**		4	6,000
11	2	2019/4/1	桜Beans	ナッツ	1,000	26	26,000
12	16	2019/4/30	桜Beans	ナッツ	1,800	10	18,000
13				**ナッツ 集計**		36	44,000
14			**桜Beans 集計**				50,000

⑱

4 追加した小計を活かそう

　集計は小計を追加できるだけでなく、追加した小計ごとに改ページして印刷できます。

　操作はかんたんです。たとえば、 具体例2 のショップに追加した小計ごとに改ページして印刷するには、[集計の設定]ダイアログボックスで、手順⑥のあと、① [グループごとに改ページを挿入する]にチェックを入れて、② [OK]ボタンをクリックするだけです。

　あとは、1ページごとに表の列見出しが付けられるように、③ [ページレイアウト]タブ→[印刷タイトル]ボタンをクリックして表示される[ページ設定]ダイアログボックスの[シート]タブで④[タイトル行]に表の列見出しを行単位で選択して。⑤[OK]ボタンをクリックします。[印刷]ボタンをクリックすると、**「グループの基準」で指定した「ショップ名」ごとに自動で改ページが挿入され**、ショップごとに別の用紙で集計行を付けて印刷されます。

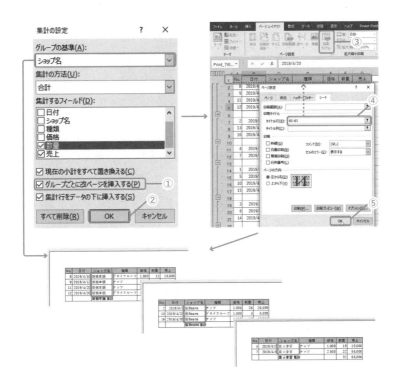

そして、小計が作成された表の左端にチラチラ見えているものは**アウトライン**と言います。集計で小計を追加すると表が階層化され、行や列にレベルが設定されたアウトラインが自動的に作成されます。①**アウトライン記号をクリックするだけで、レベルごとの集計の表示／非表示をかんたんに切り替えられます**。つまり、小計や総計だけを表示できるのです。階層の数によって、記号の数も変化します。

記号［1］：総計だけを表示
記号［2］：大分類の小計と総計を表示
記号［3］：大分類と小分類の小計と総計を表示
記号［4］：すべて表示

　たとえば、この表では大分類「ショップ名」、小分類「種類」で小計を追加しているので、②記号［3］をクリックすることで、「ショップ名」と「種類」の小計・総計だけを表示できます。③一部の詳細を表示するには、［＋］ボタン、非表示にするには［－］ボタンをそれぞれにクリックして、必要な内容だけ表示することもできます。

	A	B	C	D	E	F	G
1	No.	日付	ショップ名	種類	価格	数量	売上
7				ドライフルーツ 集計		21	34,500
7				ナッツ 集計		30	40,000
8			胡桃本舗 集計				74,500
10				ドライフルーツ 集計		4	6,000
13				ナッツ 集計		36	44,000
14			桜Beans 集計				50,000
17				ナッツ 集計		32	65,000
18			菜ッ津堂 集計				65,000
22				ドライフルーツ 集計		28	55,600
24				ナッツ 集計		17	30,600
25			美乾屋 集計				86,200
29				ドライフルーツ 集計		55	106,100
30			玲豆ん堂 集計				106,100
31				総計		223	
32			総計				381,800

		A	B	C	D	E	F	G
	25			美乾屋 集計				86,200
	26	3	2019/4/2	玲豆ん堂	ドライフルーツ	2,800	22	61,600
	27	6	2019/4/5	玲豆ん堂	ドライフルーツ	1,500	23	34,500
	28	14	2019/4/25	玲豆ん堂	ドライフルーツ	1,000	10	10,000

　こうして、小計だけが表示できれば、④余分な列は非表示にし、⑤ Alt ＋ ; で表示されたセルだけを選択したら Ctrl ＋ C キーでコピーして、⑥別シートに貼り付けて必要な表の形に整えれば、ショップ別種類別の集計表として作成できます。

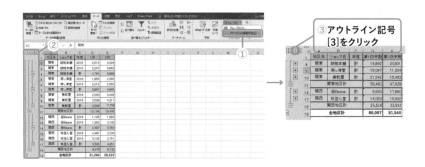

じつは、**集計を使わなくても、数式が入力された表であればアウトラインを自動作成できます**。表内のセルを1つ選択して、①［データ］タブの［グループ化］の［▼］ボタン→［アウトラインの自動作成］を選択するだけです。そのため、 **具体例1** のあらかじめ小計が挿入されている表でも、③アウトライン記号を使って、同じように小計と総計だけを表示できます。

このアウトラインは、集計とは違い、行だけでなく列にも自動作成できます。たとえば、行列の両方に数式を含む以下の表内のセルを選択して、［データ］タブの［グループ化］→［アウトラインの自動作成］を

選択すると、行列の両方同時にアウトラインが作成されます。行列両方のアウトライン記号をクリックすれば、大きな表でかんたんに行列の小計・総計だけを表示できるというわけです。

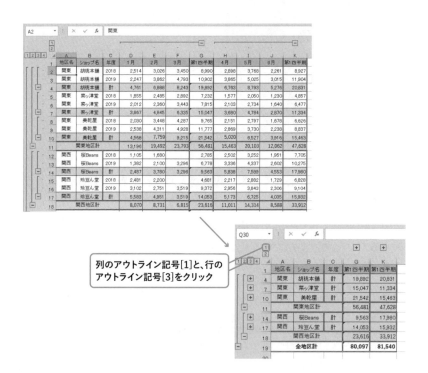

列のアウトライン記号[1]と、行のアウトライン記号[3]をクリック

　なお、アウトラインは、[データ]タブの[グループ解除]の[▼]ボタン→[アウトラインのクリア]で解除できます。

　このようにアウトラインを使えば、かんたんに数式の行または列を基準にしてデータの表示／非表示を切り替えて表示できます。合計ボタンや集計で小計を追加したら、アウトラインを活用して資料作成に役立てましょう。

条件付き集計を
マスターする!

~条件付き集計できる関数を正しく使おう

計算したい条件は
1つ?複数?
正しく関数を使いこなそう

1 条件付き集計は「もしも〜ならば」の英語名の関数を使おう

　第2章、第3章では、表を抽出したり並べ替えたりして、表の中や最終行に項目ごとの集計値を求めてきました。では、表自体をそのままにして、特定の項目の集計値を表とは違うセルに求めるにはどうしたらいいのでしょうか。フィルターで特定の項目を抽出してSUBTOTAL関数で求める手段だと、フィルターの解除で集計前の集計値に戻ってしまいます。これでは困ってしまいます。

　表を抽出したり並べ替えたりせずに集計値を求めるには、集計範囲の中で条件に一致する値だけを集計してくれる関数を使います。

　1-3節の合計ボタンで解説しましたが、表の集計で頻繁に使うのは以下の5つの関数でした。

　　合計：SUM 関数
　　平均：AVERAGE 関数
　　件数：COUNT 関数
　　最大値：MAX 関数
　　最小値：MIN 関数

　これら5つの関数の計算を**条件に一致する値を集計できるようにする**には、「もしも〜ならば」を英語の名前で表した「**IF**」「**IFS**」が付いている関数を使います。

条件に一致する値を集計する関数

種類	関数名	内容
合計	SUMIF関数	1つの条件を満たす値を合計する関数
	SUMIFS関数	複数の条件を満たす値を合計する関数
平均	AVERAGEIF関数	1つの条件を満たす値を平均する関数
	AVERAGEIFS関数	複数の条件を満たす値を平均する関数
件数	COUNTIF関数	1つの条件を満たすセルの数を数える関数
	COUNTIFS関数	複数の条件を満たすセルの数を数える関数
最大値	MAXIFS関数(Excel2019のみ)	複数の条件を満たす値の最大値を求める関数
最小値	MINIFS関数(Excel2019のみ)	複数の条件を満たす値の最小値を求める関数

　また、関数を入力するための書式は以下の表のとおりです。基本的には、**「集計する範囲」「条件を含む範囲」「条件」という3つの要素の引数（COUNTIF（S）関数は2つ）から構成され、条件を含む範囲から条件に該当する値を探し、一致する値と集計する範囲の中で同じ番目にある値を集計します。**この3つの要素である引数の名前は多少違いますが、似た名前になっているので、これらの関数の書式はとても覚えやすいでしょう。

「IF」「IFS」関数の書式

関数名	書式
SUMIF関数	=SUMIF(範囲,検索条件[,合計範囲])
SUMIFS関数	=SUMIFS(合計対象範囲,条件範囲1,条件1[,条件範囲2,条件2]…[,条件範囲127,条件127])
AVERAGEIF関数	=AVERAGEIF (範囲,条件[,平均対象範囲])
AVERAGEIFS関数	=AVERAGEIFS (平均対象範囲,条件範囲1,条件1[,条件範囲2,条件2]…[,条件範囲127,条件127])
COUNTIF関数	=COUNTIF (範囲,検索条件)
COUNTIFS関数	=COUNTIFS(検索条件範囲1,検索条件1[,検索条件範囲2,検索条件2]…[,検索条件範囲127,検索条件127])
MAXIFS関数	=MAXIFS (最大範囲,条件範囲1,条件1[,条件範囲2,条件2]…[,条件範囲126,条件126])
MINIFS関数	=MINIFS (最小範囲,条件範囲1,条件1[,条件範囲2,条件2]…[,条件範囲126,条件126])

これらの関数は使い方も基本的には同じです。それぞれの関数を使って集計する手順を、具体例でくわしく見ていきましょう。

具体例1 条件に一致する値を集計する

　売上管理表をもとに、ショップ名「美乾屋」の「売上」合計と、ショップ名「美乾屋」の種類が「ドライフルーツ」だけの「売上」合計を求めてみます。

	A	B	C	D	E	F	G	H	I	J	K	L
1	No.	日付	ショップ名	種類	価格	数量	売上			■4月新店舗の売上		
2	1	2019/4/1	美乾屋	ナッツ	1,800	17	30,600			ショップ名	美乾屋	
3	2	2019/4/1	桜Beans	ナッツ	1,000	26	26,000					←①
4	3	2019/4/2	玲豆ん堂	ドライフルーツ	2,800	22	61,600			ドライフルーツ		←②
5	4	2019/4/3	菜ッ津堂	ナッツ	1,000	10	10,000					
6	5	2019/4/5	美乾屋	ナッツ	1,250	8	10,000					
7	6	2019/4/5	玲豆ん堂	ドライフルーツ	1,500	23	34,500					
8	7	2019/4/6	菜ッ津堂	ナッツ	2,500	22	55,000					
9	8	2019/4/10	胡桃本舗	ドライフルーツ	1,500	11	16,500					
10	9	2019/4/12	胡桃本舗	ナッツ	1,000	10	10,000					
11	10	2019/4/16	美乾屋	ドライフルーツ	1,500	8	12,000					

　まずは、ショップ名「美乾屋」の「売上」の合計を求めます。①1つの条件を満たす合計を求めるので、求めるセルを選択し、SUMIF関数を入力します。引数の②［範囲］に条件を含む範囲である「ショップ名」のセル範囲、③［検索条件］に条件「美乾屋」が入力されたセル、④［合計範囲］に集計する範囲である「売上」のセル範囲を選択して数式を作成します。

| K3 | ▼ | : | × | ✓ | fx | =SUMIF(C2:C11,K2,G2:G11) |

▲	A	B	C	D	E	F	G	H	I	J	K
1	No.	日付	ショップ名	種類	価格	数量	売上			■4月新店舗の売上	
2	1	2019/4/1	美乾屋	ナッツ	1,800	17	30,600			ショップ名	美乾屋
3	2	2019/4/1	桜Beans	ナッツ	1,000	26	26,000				52,600
4	3	2019/4/2	玲豆ん堂	ドライフルーツ	2,800	22	61,600			ドライフルーツ	
5	4	2019/4/3	菜ッ津堂	ナッツ	1,000	10	10,000				
6	5	2019/4/5	美乾屋	ドライフルーツ	1,250	8	10,000				
7	6	2019/4/5	玲豆ん堂	ドライフルーツ	1,500	23	34,500				
8	7	2019/4/6	菜ッ津堂	ナッツ	2,500	22	55,000				
9	8	2019/4/10	胡桃本舗	ドライフルーツ	1,500	11	16,500				
10	9	2019/4/12	胡桃本舗	ナッツ	1,000	10	10,000				
11	10	2019/4/16	美乾屋	ドライフルーツ	1,500	8	12,000				

　次に、ショップ名「美乾屋」の種類が「ドライフルーツ」の「売上」の合計を求めます。①2つの条件を満たす合計なので、求めるセルを選択し、SUMIFS関数を入力します。引数の②［合計対象範囲］に集計する範囲である「売上」のセル範囲を選択します。条件を含む範囲、条件は条件ごとに対で以下のように指定して数式を作成します。

③ [条件範囲1]：「ショップ名」のセル範囲
④ [条件1]：条件「美乾屋」が入力されたセル
⑤ [条件範囲2]：「種類」のセル範囲
⑥ [条件2]：条件「ドライフルーツ」が入力されたセル

| K4 | ▼ | : | × | ✓ | fx | =SUMIFS(G2:G11,C2:C11,K2,D2:D11,J4) |

▲	A	B	C	D	E	F	G	H	I	J	K
1	No.	日付	ショップ名	種類	価格	数量	売上			■4月新店舗の売上	
2	1	2019/4/1	美乾屋	ナッツ	1,800	17	30,600			ショップ名	美乾屋
3	2	2019/4/1	桜Beans	ナッツ	1,000	26	26,000				52,600
4	3	2019/4/2	玲豆ん堂	ドライフルーツ	2,800	22	61,600			ドライフルーツ	22,000
5	4	2019/4/3	菜ッ津堂	ナッツ	1,000	10	10,000				
6	5	2019/4/5	美乾屋	ドライフルーツ	1,250	8	10,000				
7	6	2019/4/5	玲豆ん堂	ドライフルーツ	1,500	23	34,500				
8	7	2019/4/6	菜ッ津堂	ナッツ	2,500	22	55,000				
9	8	2019/4/10	胡桃本舗	ドライフルーツ	1,500	11	16,500				
10	9	2019/4/12	胡桃本舗	ナッツ	1,000	10	10,000				
11	10	2019/4/16	美乾屋	ドライフルーツ	1,500	8	12,000				

それぞれの関数の引数の条件はセルに入力した値を参照するセル参照にしているので、条件を変更しても、自動でその条件に一致する値の集計結果に変更できます。

	A	B	C	D	E	F	G	H	I	J	K	L
1	No.	日付	ショップ名	種類	価格	数量	売上			■4月新店舗の売上		
2	1	2019/4/1	美乾屋	ナッツ	1,800	17	30,600			ショップ名	美乾屋	
3	2	2019/4/1	桜Beans	ナッツ	1,000	26	26,000				52,600	
4	3	2019/4/2	玲豆ん堂	ドライフルーツ	2,800	22	61,600			ナッツ	30,600	
5	4	2019/4/3	菜ッ津堂	ナッツ	1,000	10	10,000					

　なお、**条件をセル参照ではなく、直接入力する場合、「>=1000」のように演算子＋数値の組み合わせなら、「">=1000"」のようにダブルクォーテーション（""）で囲んで指定する必要があります。**
　また、複数の条件で使える関数は1つの条件でももちろん使えるので、上記のような表なら、それぞれに使い分けなくても、複数の条件で使える関数だけで済みます。

K3		▼	:	×	✓	fx	=SUMIFS(G2:G11,C2:C11,K2)				
	A	B	C	D	E	F	G	H	I	J	K
1	No.	日付	ショップ名	種類	価格	数量	売上			■4月新店舗の売上	
2	1	2019/4/1	美乾屋	ナッツ	1,800	17	30,600			ショップ名	美乾屋
3	2	2019/4/1	桜Beans	ナッツ	1,000	26	26,000				52,600
4	3	2019/4/2	玲豆ん堂	ドライフルーツ	2,800	22	61,600			ドライフルーツ	22,000
5	4	2019/4/3	菜ッ津堂	ナッツ	1,000	10	10,000				

　集計する条件が1つか複数かで使い分ける必要があるのは、1つだけなのか、複数だけなのか、どちらかだけの集計値が必要な場合だけです。ただし、上記のように複数の条件で使える関数を1つの条件で使う時は、引数の順番が違うので注意が必要です。
　また、111ページのそれぞれの関数の書式の引数内の「[　]」は、「省略してもOK」という意味です。条件を含む範囲と集計する範囲が同じ場合に限り、引数の集計する範囲は省略して関数の入力が可能なのです。たとえば、50歳以上の平均年齢を求める場合、条件と集計する範囲が両

方とも年齢のセル範囲になるので、以下のように引数の集計する範囲は
省略が可能です。

| F3 | ▼ | ⋮ × ✓ fx | =AVERAGEIF(C3:C8,">=50") |

▲	A	B	C	D	E	F	G	H	I
1	ファンクラブ							省略可能	
2	会員番号	会員名	年齢	メールアドレス		■50歳以上のファン平均年齢			
3	JRY0001	道川恭子	48	kyoko@****.ne.jp		57.7	歳		
4	JRY0002	早瀬菜々美	62	nana@******.ne.jp					
5	JRY0003	内藤聡子	35	saton@****.ne.jp					
6	JRY0004	林未知	54	←		条件を含む範囲と集			
7	JRY0005	垣内順子	57	junko@******.ne.jp		計する範囲が同じ			
8	JRY0006	中林友恵	41						

2 「合計」や「件数」のOR条件は足し算でできる

　ここまでで条件に一致する値を集計できる関数を8つ紹介してきまし
たが、これらの関数は**AND条件でしか集計できません**。つまり、合計
であれば「○○かつ△△の条件に合うデータの合計」しか集計できませ
ん。OR条件（○○または△△の条件）で集計するにはどうすればいい
のでしょうか。

　「合計」や「件数」の集計なら、ただ**SUMIF(S)関数やCOUNTIF(S)
関数を足し算する**だけでできます。OR条件で合計を求めたいなら、条
件すべての合計が結果となるので、SUMIF(S)関数＋SUMIF(S)関数と
いった足し算した結果が答えとなるわけです。

　たとえば、 具体例1 の売上管理表で、2つのショップ名「桜Beans」「玲
豆ん堂」の「売上」の合計を求める場合、条件「桜Beans」の合計＋条件「玲
豆ん堂」の合計の数式をSUMIF関数で作成することで求められます。

CHAPTER 4
条件付き集計をマスターする！
〜条件付き集計できる関数を正しく使おう

fx =SUMIF(C2:C11,K2,G2:G11)+SUMIF(C2:C11,K3,G2:G11)

	「桜Beans」の合計価格	数量	「玲豆ん堂」の合計		■4月関西店舗の売上		122,100
ナッツ	1,800	17	30,600		ショップ名	桜Beans	
ナッツ	1,000	26	26,000			玲豆ん堂	
ドライフルーツ	2,800	22	61,600				

　条件の数だけ足し算しなければなりませんが、関数式はコピーして貼り付けられます。まず、1つ目の数式を作成し、続けて「+」を入力します。次に①作成した関数式を範囲選択して、Ctrl + C でコピーして、「+」の後に Ctrl + V で貼り付けましょう。あとは、③数式の条件を「玲豆ん堂」のセル番地に変更し、Enter で数式を確定すれば求められます。

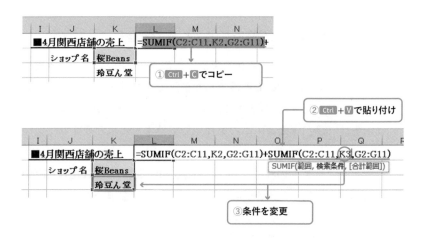

　ただし、この具体例のように、条件だけでなく条件を含む範囲と集計する範囲も違う場合は、貼り付けたあとに数式を変更する必要があるので注意してください。

3 アプリみたいに条件を直接入力して計算しよう

OR条件の「合計」「件数」は、条件ごとに関数式を作成しなくても、コピー＆ペーストを使えば、違うセル範囲だけ変更するだけでスピーディーに求められました。ただし、単純に足し算しても求められない「平均」などは、この方法では求められません。それに、「合計」「件数」の集計でも、条件の数が多いとコピー＆ペースト操作も面倒です。

たくさんの条件や「AND＋OR条件」といった複雑な条件は、**データベース関数**を使うとアプリみたいに条件を直接入力するだけで、集計が求められます。データベース関数は、基本的に関数の頭文字に「DataBase」の頭文字**D**が付いた関数です。たとえば、ここまでで説明した関数であれば、以下のようなものです。「積」「合計」「平均」「件数」「最大値」「最小値」の集計方法なら、

おもなデータベース関数

種類	データベース関数名
積	**D**PRODUCT関数
合計	**D**SUM関数
平均	**D**AVERAGE関数
件数	**D**COUNT関数
件数	**D**COUNTA関数
最大値	**D**MAX関数
最小値	**D**MIN関数

データベース関数とは、文字通りデータベースを扱う関数です。利用するには、これまでに解説済みのテーブルや集計と同じように、データベース用の表としてあることが前提です（序章2節参照）。

それぞれの関数の書式はすべて、「データベース」「フィールド」「条件」の3つの引数から構成され、データベースから条件に合う値を探し、指定したフィールドにある値を集計します。それぞれの引数で指定するセル範囲は以下のようになります。

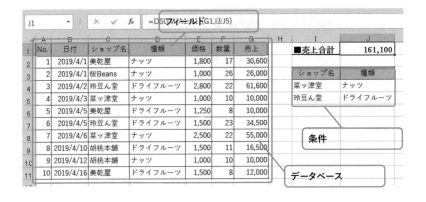

	A	B	C	D	E	F	G	H	I	J
1	No.	日付	ショップ名	種類	価格	数量	売上		■売上合計	161,100
2	1	2019/4/1	美乾屋	ナッツ	1,800	17	30,600			
3	2	2019/4/1	桜Beans	ナッツ	1,000	26	26,000		ショップ名	種類
4	3	2019/4/2	玲豆ん堂	ドライフルーツ	2,800	22	61,600		菜ッ津堂	ナッツ
5	4	2019/4/3	菜ッ津堂	ナッツ	1,000	10	10,000		玲豆ん堂	ドライフルーツ
6	5	2019/4/5	美乾屋	ドライフルーツ	1,250	8	10,000			
7	6	2019/4/5	玲豆ん堂	ドライフルーツ	1,500	23	34,500			
8	7	2019/4/6	菜ッ津堂	ナッツ	2,500	22	55,000		条件	
9	8	2019/4/10	胡桃本舗	ドライフルーツ	1,500	11	16,500			
10	9	2019/4/12	胡桃本舗	ナッツ	1,000	10	10,000			
11	10	2019/4/16	美乾屋	ドライフルーツ	1,500	8	12,000		データベース	

上記のように、条件は引数の［条件］で指定したセル範囲に入力する
だけなので、どんなに条件の数が多くても、関数を組み合わせたり、長
い数式を作成したりせずにスピーディーに求められます。

ただし、条件は以下の鉄則を守って入力する必要があります。

鉄則1：条件が属する列見出しの下に入力する

鉄則2：AND条件は同じ行に、OR条件は違う行に入力する

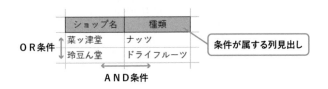

鉄則3：同じ列のAND条件は、条件ごとに同じ列見出しを付けて入
力する

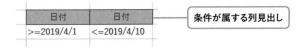

それでは、どんなに複雑な条件でもスピーディーに集計値が求められるように、具体例で手順を見ていきましょう。

具体例2 AND+OR条件を満たす集計値を求める

売上管理表をもとに、以下の重点商品の「売上」の平均を求めてみます。

ショップ名「菜ッ津堂」の品名「クルミ」
ショップ名「美乾屋」の品名「アーモンド」
ショップ名「玲豆ん堂」の品名「プルーン」

	B	C	D	E	F	G	H	I	J	K	L
1	日付	ショップ名	種類	商品名	価格	数量	売上		■重点商品の売上平均		
2	2019/4/1	美乾屋	ナッツ	アーモンド	1,800	17	30,600				
3	2019/4/1	桜Beans	ナッツ	クルミ	1,000	26	26,000		ショップ名	商品名	
4	2019/4/2	玲豆ん堂	ドライフルーツ	マンゴー	2,800	22	61,600		菜ッ津堂	クルミ	
5	2019/4/3	菜ッ津堂	ナッツ	カシューナッツ	1,000	10	10,000		美乾屋	アーモンド	
6	2019/4/5	美乾屋	ドライフルーツ	パイン	1,250	8	10,000		玲豆ん堂	プルーン	
7	2019/4/5	玲豆ん堂	ドライフルーツ	プルーン	1,500	23	34,500				
8	2019/4/6	菜ッ津堂	ナッツ	クルミ	2,500	22	55,000				
9	2019/4/10	胡桃本舗	ドライフルーツ	プルーン	1,500	11	16,500				
10	2019/4/12	胡桃本舗	ナッツ	カシューナッツ	1,000	10	10,000				
11	2019/4/16	美乾屋	ドライフルーツ	プルーン	1,500	8	12,000				

まず、前ページの鉄則を守って条件を入力します。①条件の見出し「ショップ名」「品名」の下に、それぞれの条件を以下のように入力して条件を作成します。OR条件なので違う行に、条件ごとはAND条件なので同じ行に入力します。

ショップ名	商品名
菜ッ津堂	クルミ
美乾屋	アーモンド
玲豆ん堂	プルーン

①

「菜ッ津堂」AND「クルミ」OR
「美乾屋」AND「アーモンド」OR
「玲豆ん堂」AND「プルーン」

②複数条件を満たす平均なので、求めるセルを選択し、DAVERAGE関数を入力します。引数の③［データベース］に列見出しを含む表のセル範囲、④［フィールド］に集計する列見出し「売上」のセル、⑤［条件］に手順①で作成した条件を範囲選択して数式を作成します。

条件はセルに入力するだけなので、複数の条件でもあっという間に集計値が求められました。**条件は別シートに作成しても求められる**ので、表の体裁上、条件が邪魔だという場合は、希望の位置に作成しておきましょう。

平均値の小数点以下の桁数を整える

ここで1つ、合わせて覚えておきたいことがあります。

平均を求める場合、例のように割り切れないと、小数点以下の桁数が列幅いっぱいに表示されてしまいます。このような場合、［ホーム］タブ→［数値］グループにある①［通貨表示形式］や、②［桁区切りスタイル］ボタンで通貨表示や桁区切りスタイルの表示形式を付けると、小数点以下第1位で四捨五入されて整数で表示できます。

さらに、③［小数点以下の表示桁数を減らす］ボタンや④［小数点以下の表示桁数を増やす］ボタンをクリックするたび、1桁ごとに減らしたり増やしたりして桁数を変更できます。希望の桁数になるように調整しておきましょう。

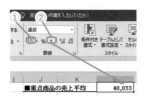 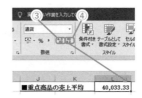

ただし、あくまでも表示形式の変更なので、セル内の集計値自体の桁数はそのままです。「集計値を希望の桁数にしたい」「整数だけにしてあとから計算に使いたい」というときは、数値の端数を処理する関数を組み合わせて使いましょう。「数値を丸くする」という英語のROUNDが付く以下の関数を使います。

数値の端数を処理する関数

関数名	内容
ROUND関数	引数の[数値]を四捨五入する
ROUNDUP関数	引数の[数値]を切り上げる
ROUNDDOWN関数	引数の[数値]を切り捨てる

3つの関数の書式はすべて次のとおりです。

=関数名(数値,桁数)

引数の[数値]をROUND関数は四捨五入、ROUNDUP関数は切り上げ、ROUNDDOWN関数は切り捨てして、指定された[桁数]にします。引数の[桁数]には求めたい桁を以下のように数値で指定します。

CHAPTER 4
条件付き集計をマスターする!
〜条件付き集計できる関数を正しく使おう

桁数の種類

桁数	求められる桁
−2	百の位
−1	十の位
0	一の位
1	小数点以下第1位
2	小数点以下第2位
3	小数点以下第3位

　たとえば、具体例のDAVERAGE関数で求めた売上平均を、小数点以下第3位を四捨五入して小数点以下第2位で求めるなら、ROUND関数にDAVERAGE関数をネストした数式を作成します。

　まず、①ROUND関数を入力します。②引数の[数値]にDAVERAGE関数の数式を入力し、③[桁数]に「2」と入力して数式を作成します。

fx	=ROUND(DAVERAGE(A1:H11,H1,J3:K6),2)							
D	E	F	G	H	I	J	K	L
種類	商品名	価格	数量	売上		■重点商品の売上平均		40,033.33
ツ	アーモンド	1,800	17	30,600				
ツ	クルミ	1,000	26	26,000		ショップ名	商品名	
イフルーツ	マンゴー	2,800	22	61,600		菜ッ津堂		
ツ	カシューナッツ	1,000	10	10,000		美乾屋		
イフルーツ	パイン	1,250	8	10,000		玲豆ん堂		
イフルーツ	プルーン	1,500	23	34,500				

小数点以下第2位で
売上平均が求められる

　なお、これら3つの関数の引数の[桁数]は省略できません。そのため、ばっさり小数部を切り捨てて整数で求めたいときは、小数点以下の桁数を指定しなくてもいいINT関数か、桁数を省略しても求められるTRUNC関数を使った方が、ROUNDDOWN関数で切り捨てるよりスピーディーに可能です。それぞれの書式は次のとおりです。

　　　=INT(数値)
　　　=TRUNC(数値[,桁数])

　TRUNC関数は、小数部を単純に切り捨てるだけですが、INT関数は数値を最も近い整数として切り捨てるため、数値が負の数であるときだけ結果が異なります。

指定できない条件は
こうしよう

1 一部の条件はワイルドカードを使おう

AND条件・OR条件で集計できる関数が理解できたなら、次は条件そのものについて理解を深めましょう。

条件の文字や日付を直接入力する場合は、「""」（ダブルクォーテーション）で囲んで指定するのが鉄則です。しかし、条件の文字がセル内に一部しか含まれていない場合は、条件として認識されないため、正しい集計値が求められません。

たとえば、以下の表では、住所の「東京都」だけの人数を求めようとしています。条件を満たすセルの数なので、COUNTIF関数で数式を作成しましたが、条件の「東京都」は住所の一部なので正しい集計値が求められないのです。

| | | fx | =COUNTIF(B2:B8,"東京都") |

B	C	D	E	F	G	H
住所		■	東京都	会員数	0	名
愛知県北名古屋市宇福寺＊＊＊						
東京都墨田区堤通＊-＊-＊						
東京都羽村市玉川＊-＊-＊						
京都府京都市左京区秋築町＊＊＊						
東京都小平市喜平町＊-＊-＊						
広島県呉市吾妻＊＊＊-＊＊						
大阪府大阪市東成区中本＊＊-＊＊						

セル内の一部を条件に集計するには、ワイルドカードを付けた条件にする必要があります。ワイルドカードとは、任意の文字を表す特殊な文字記号のことです。ワイルドカードには以下の3つがあり、条件にする一部の文字と一緒に使うことで、条件を指定できます。

おもなワイルドカード

ワイルドカード（読み方）	意味	使用例	指定できる条件
*（アスタリスク）	あらゆる文字列を表す	*	数値以外の文字
		*旭	「旭」で終わる文字列
		旭*	「旭」で始まる文字列
		旭	「旭」を含む文字列
?（クエスチョンマーク）	「?」で任意の1文字を表す	??旭	「旭」の前に2文字ある文字列
		??	2文字の文字列
~（チルダ）	「*」「?」をワイルドカードと認識させないようにする	~?	「?」の記号
		~*	「*」の記号

　たとえば、この表の条件は、「東京都で始まる文字列」なので、COUNTIF関数の条件は「"東京都*"」と指定して数式を作成することで会員数が求められます。

	× ✓ _fx_	=COUNTIF(B2:B8,"東京都*")						
	B	C	D	E	F	G	H
	住所			■東京都	会員数	3	名
	愛知県北名古屋市宇福寺＊＊＊						
	東京都墨田区堤通＊-＊-＊						
	東京都羽村市玉川＊-＊-＊						
	京都府京都市左京区秋築町＊＊＊						
	東京都小平市喜平町＊-＊-＊						
	広島県呉市吾妻＊＊＊-＊＊						
	大阪府大阪市東成区中本＊＊-＊＊						

ただし、**条件をセル参照、つまり条件が入力されたセル番地で指定する場合は、ワイルドカードを「""」（ダブルクォーテーション）で囲んで、条件のセル番地とを「&」で結合して条件を指定しなければ求められません。**

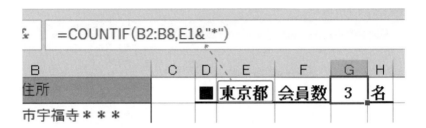

　ワイルドカードを一部の文字の前に付ける場合は「"*"&E1」、一部の文字の前後に付ける場合は「"*"&E1&"*"」のようにする必要があります。

　また、条件が入力されたセル番地や別の関数式に「～以上」などの演算子を付けて条件を指定する時も、演算子を「""」で囲んで、条件のセル番地や関数式を「&」で結合して条件を作成しなければ求められません。

　　">="&A1
　　">="&AVERAGE(A1:C1)

　たとえば、先ほどの東京都の会員数をさらに平均年齢以上の条件を追加して求めるなら、2つの条件を満たすセルの数なので、COUNTIFS関数で以下のように2つの条件を指定して数式を作成します。

| G2 | | | f_x | =COUNTIFS(B2:B8,">="&AVERAGE(B2:B8),C2:C8,F2&"*") |

	A	B	C	D	E	F	G	H
1	会員名	年齢	住所			■ 平均年齢以上の会員数		
2	道川恭子	48	愛知県北名古屋市宇福寺＊＊＊			東京都	2	名
3	早瀬菜々美	62	東京都墨田区堤通＊-＊-＊					
4	内藤聡子	35	東京都羽村市玉川＊-＊-＊					
5	林未知	54	京都府京都市左京区秋築町＊＊＊					
6	垣内順子	57	東京都小平市喜平町＊-＊-＊					
7	中林友恵	41	広島県呉市吾妻＊＊＊-＊＊					
8	大内早苗	30	大阪府大阪市東成区中本＊＊-＊＊					

　なお、データベース関数を使って、一部や関数式を条件に指定するには、条件を以下のように入力しなければなりません。

①一部の条件はワイルドカードを直接条件に付けて入力する

②「＝」から入力し、演算子を付ける条件は演算子を「""」で囲んで、関数式とを「＆」で結合して入力する

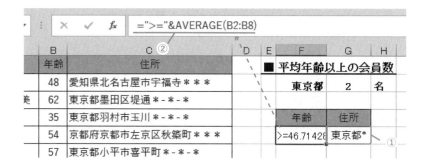

2　指定できない条件は印を入力しよう

　では、条件が表内のどこにもない場合に、条件に一致する値を集計するにはどうしたらいいのでしょうか。たとえば、1行おきなど特定の間隔にあるデータを集計しなければならない場合もあります。

▲	A	B	C	D	E	F
1	ショップ名	月	売上数		■偶数月の売上数	
2	胡桃本舗	1月	253			
3	胡桃本舗	2月	479			
4	胡桃本舗	3月	424			
5	胡桃本舗	4月	687			
6	胡桃本舗	5月	1,062			
7	胡桃本舗	6月	528			
8	胡桃本舗	7月	852			
9	胡桃本舗	8月	606			
10	胡桃本舗	9月	711			
11	胡桃本舗	10月	821			
	胡桃本舗	11月	998			

　このような場合は、それぞれのセルを Ctrl で選択して［合計］ボタン
をクリックという方法も考えられますが、集計するセルの数が20個、30
個とあると大変です。ならば、1行おきの条件が指定できるように関数
を組み合わせて数式を作成するという方法も考えられますが、できれば
難しい数式作成は避けたいところですね。

　データベース関数を使う手段も考えられますが、次のような手順が必
要になってしまいます。

①列見出し「売上数」の結合を解除して1列ずつ見出しを付けた表に
　する
②条件として1行おきの偶数月名をすべて入力する

G1		▼	⋮	×	✓	f_x	=DSUM(A1:C13,C1,E4:E10)

◢	A	B	C	D	E	F	G
1	ショップ名	月	売上数		■偶数月の売上数		4,375
2	胡桃本舗	1月	253				
3	胡桃本舗	2月	479				
4	胡桃本舗	3月	424		月		
5	胡桃本舗	4月	687		2月		
6	胡桃本舗	5月	1,062		4月		
7	胡桃本舗	6月	528		6月		
8	胡桃本舗	7月	852		8月		
9	胡桃本舗	8月	606		10月		
10	胡桃本舗	9月	711		12月		
11	胡桃本舗	10月	821				
	胡桃本舗	11月					

かんたんにスピーディーに求めるには、**集計したい項目に条件用の印を自分でつけてしまえばいい**のです。

条件に一致する値を集計できる関数（COUNTIF(S)関数以外）は、「**条件を含む範囲が、集計する範囲と範囲内で同じ番目にあれば集計できる**」という特徴があります。つまり、集計する値と同じ番目に条件を入力してしまえば、どんな条件でも指定して集計できるのです。その条件の印はかんたんな記号など、なんでもOKです。

たとえば、1行おきに集計したいなら、集計する1行おきの「売上数」の横に記号を入力します。

CHAPTER 4
条件付き集計をマスターする！
〜条件付き集計できる関数を正しく使おう

	A	B	C	D	E	F
1	ショップ名	売上数			■偶数月の売上数	
2	胡桃本舗	1月	253			
3	胡桃本舗	2月	479	●		
4	胡桃本舗	3月	424			
5	胡桃本舗	4月	687	●		
6	胡桃本舗	5月	1,062			

　こうしておけば、その記号を条件に指定して、条件に一致する値を集計できる関数で数式を作成すれば、目的の集計値が求められます。入力した記号「●」を条件に「売上数」の合計を求めるなら、①SUMIF関数を入力して、②引数の［範囲］に条件を含む範囲である「●」を含むD列の範囲、③［検索条件］に条件「●」、④［合計範囲］に集計する範囲である「売上数」のセル範囲を指定して数式を作成すれば求められます。

F1　　　　×　✓　fx　=SUMIF(D2:D13,"●",C2:C13)
　　　　　　　　　　　　　　①　　②　③　④

	A	B	C	D	E	F
1	ショップ名	売上数			■偶数月の売上数	4,375
2	胡桃本舗	1月	253			
3	胡桃本舗	2月	479	●		
4	胡桃本舗	3月	424			
5	胡桃本舗	4月	687	●		
6	胡桃本舗	5月	1,062			

　なお、条件の値を入力するセルが複数であっても、上記の具体例の表のように1行おきなど等間隔で集計するなら、オートフィル時の選択次第で一気に入力できます。1行おきなら、①1つ上のセルも同時に選択（2

行おきなら、2つ上のセルも同時に選択）してから、②オートフィルで
コピーすれば、あっという間に入力できます。

▲	A	B	C	D	
1	ショップ名	売上数			■
2	胡桃本舗	1月	253		─①
3	胡桃本舗	2月	479	●	
4	胡桃本舗	3月	424		─②
5	胡桃本舗	4月	687		
6	胡桃本舗	5月	1,062		
7	胡桃本舗	6月	528		
	胡桃本舗	7月	253		

　また、入力した条件の値は、フォントの色やセルの表示形式で非表示
にしておけば、邪魔になることはまったくありません。

「$」記号を使いこなそう

1 条件ごとにまとめて集計するにはセル参照と絶対参照を組み合わせよう

さて、ここまでは「条件に一致する値」をピンポイントで集計してきました。では、条件に一致する値を条件ごとにまとめて集計するには、どうしたらよいでしょうか。たとえば、以下のように、ショップ名それぞれの集計値を求めたい場合です。

▲	A	B	C	D	E	F	G	H	I	J
1	No.	日付	ショップ名	種類	価格	数量	売上		■ショップ別売上	
2	1	2019/4/1	美乾屋	ナッツ	1,800	17	30,600		ショップ名	売上
3	2	2019/4/1	桜Beans	ナッツ	1,000	26	26,000		胡桃本舗	
4	3	2019/4/2	玲豆ん堂	ドライフルーツ	2,800	22	61,600		桜Beans	
5	4	2019/4/3	菜ッ津堂	ナッツ	1,000	10	10,000		菜ッ津堂	
6	5	2019/4/5	美乾屋	ドライフルーツ	1,250	8	10,000		美乾屋	
7	6	2019/4/5	玲豆ん堂	ドライフルーツ	1,500	23	34,500		玲豆ん堂	
8	7	2019/4/6	菜ッ津堂	ナッツ	2,500	22	55,000			
9	8	2019/4/10	胡桃本舗	ドライフルーツ	1,500	11	16,500			
10	9	2019/4/12	胡桃本舗	ナッツ	1,000	10	10,000			
11	10	2019/4/16	美乾屋	ドライフルーツ	1,500	8	12,000			

まず、序章1節でも説明したように、数式で使う値を直接入力せずにセル参照で入力しておけば、数式をコピーしても、相対参照によりそれぞれの数式結果が求められました。しかし、 具体例1 では、条件をセル参照（条件が入力されたセル番地）にしているにも関わらず、正しく集計できません。数式の集計する範囲と条件を含む範囲の両方をセル参照で指定しているため、条件と同じように1行ずつずれてしまうからです。

J4					f_x	=SUMIF(C3:C12,I4,G3:G12)			

	A	B	C	D	E	F	G	H	I	J
1	No.	日付	ショップ名	種類	価格	数量	売上		■ショップ別売上	
2	1	2019/4/1	美乾屋	ナッツ	1,800	17	30,600		ショップ名	売上
3	2	2019/4/1	桜Beans	ナッツ	1,000	26	26,000		胡桃本舗	26,500
4	3	2019/4/2	玲豆ん堂	ドライフルーツ	2,800	22	61,600		桜Beans	26,000
5	4	2019/4/3	菜ッ津堂	ナッツ	1,000	10	10,000		菜ッ津堂	65,000
6	5	2019/4/5	美乾屋	ドライフルーツ	1,250	8	10,000		美乾屋	22,000
7	6	2019/4/5	玲豆ん堂	ドライフルーツ	1,500	23	34,500		玲豆ん堂	34,500
8	7	2019/4/6	菜ッ津堂	ナッツ	2,500	22	55,000			
9	8	2019/4/10	胡桃本舗	ドライフルーツ	1,500	11	16,500			
10	9	2019/4/12	胡桃本舗	ナッツ	1,000	10	10,000			
11	10	2019/4/16	美乾屋	ドライフルーツ	1,500	8	12,000			

　こんな場合は、数式のコピーでずれてしまわないように、集計する範囲と条件を含む範囲を固定します。序章1節で説明したとおり、数式のコピーで絶対に動かないように固定させるには、セル番地を絶対参照にします。集計する範囲と条件を含む範囲を選択したら、 F4 を1回押して、行番号と列番号の前に「$」記号を付けましょう。数式は以下のようになります。

　　固定前：=SUMIF8C2:C11,I2,E2:E11)
　　固定後：=SUMIF($C$2:$C$11,I2,$E$2:$E$11)

　この数式をオートフィルでコピーしてみると、以下のようになります。

J3 | × ✓ fx | =SUMIF($C$2:$C$11,I3,$G$2:$G$11)

	A	B	C	D	E	F	G	H	I	J
1	No.	日付	ショップ名	種類	価格	数量	売上		■ショップ別売上	
2	1	2019/4/1	美乾屋	ナッツ	1,800	17	30,600		ショップ名	売上
3	2	2019/4/1	桜Beans	ナッツ	1,000	26	26,000		胡桃本舗	26,500
4	3	2019/4/2	玲豆ん堂	ドライフルーツ	2,800	22	61,600		桜Beans	
5	4	2019/4/3	菜ッ津堂	ナッツ	1,000	10	10,000		菜ッ津堂	
6	5	2019/4/5	美乾屋	ドライフルーツ	1,250	8	10,000		美乾屋	
7	6	2019/4/5	玲豆ん堂	ドライフルーツ	1,500	23	34,500		玲豆ん堂	
8	7	2019/4/6	菜ッ津堂	ナッツ	2,500	22	55,000			

J4 | × ✓ fx | =SUMIF($C$2:$C$11,I4,$G$2:$G$11)

	A	B	C	D	E	F	G	H	I	J
1	No.	日付	ショップ名	種類	価格	数量	売上		■ショップ別売上	
2	1	2019/4/1	美乾屋	ナッツ	1,800	17	30,600		ショップ名	売上
3	2	2019/4/1	桜Beans	ナッツ	1,000	26	26,000		胡桃本舗	26,500
4	3	2019/4/2	玲豆ん堂	ドライフルーツ	2,800	22	61,600		桜Beans	26,000
5	4	2019/4/3	菜ッ津堂	ナッツ	1,000	10	10,000		菜ッ津堂	65,000
6	5	2019/4/5	美乾屋	ドライフルーツ	1,250	8	10,000		美乾屋	52,600
7	6	2019/4/5	玲豆ん堂	ドライフルーツ	1,500	23	34,500		玲豆ん堂	96,100
8	7	2019/4/6	菜ッ津堂	ナッツ	2,500	22	55,000			
9	8	2019/4/10	胡桃本舗	ドライフルーツ	1,500	11	16,500			
10	9	2019/4/12	胡桃本舗	ナッツ	1,000	10	10,000			
11	10	2019/4/16	美乾屋	ドライフルーツ	1,500	8	12,000			

　行ごとの条件はそれぞれのショップ名のセルが指定され、集計する範囲と条件を含む範囲はずれずに指定されて、ショップごとの集計値が求められました。もちろん、求めるセルが横並びでも、以下のとおりしっかりと集計できます。

fx | =SUMIF($C$2:$C$11,J3,$G$2:$G$11)

名	D	E	F	G	H	I	J	K	L	M	N
	種類	価格	数量	売上		■ショップ別売上					
	ナッツ	1,800	17	30,600		地区名		関東地区		関西地区	
	ナッツ	1,000	26	26,000		ショップ名	胡桃本舗	菜ッ津堂	美乾屋	桜Beans	玲豆ん堂
	ドライフルーツ	2,800	22	61,600		売上	26,500	65,000	52,600	26,000	96,100
	ナッツ	1,000	10	10,000							

　さらに、オートフィルでコピーできない位置にそれぞれの条件がある場合でも、コピーして貼り付けるだけで、範囲をずらさずに求められます。

名	D	E	F	G	H	I	J	K
	種類	価格	数量	売上		■ショップ別売上		
	ナッツ	1,800	17	30,600			胡桃本舗	26,500
	ナッツ	1,000	26	26,000			ナッツ	
	ドライフルーツ	2,800	22	61,600			ドライフルーツ	
	ナッツ	1,000	10	10,000			栗ツ津堂	65,000
	ドライフルーツ	1,250	8	10,000			ナッツ	
	ドライフルーツ	1,500	23	34,500			ドライフルーツ	
	ナッツ	2,500	22	55,000			美鈴屋	52,600

コピー

貼り付け

条件ごとにまとめて集計する場合のルール

　条件ごとに集計する場合をまとめると、以下のルールを守った数式を
作成しましょう。

　条件　→　セル参照
　集計する範囲・条件を含む範囲　→　絶対参照

　こうしておけば、条件を入力したセルが10個20個と大量にあっても、
オートフィルで一気にそれぞれの条件に一致する値の集計が求められま
す。「はじめに」で登場した都道府県という一部の条件でも、このルー
ルを守った数式を作成しておけば、オートフィルで一気に都道府県別の
人数を求められるのです。

F2			×	✓	f_x	=COUNTIF($B$2:$B$10,E2&"*")		
▲	A	B	C	D	E	F	G
1	会員名	住所			都道府県	会員数	
2	道川恭子	愛知県北名古屋市宇福寺＊＊＊			東京都	3	名
3	早瀬菜々美	東京都墨田区堤通＊-＊-＊			栃木県	1	名
4	内藤聡子	東京都羽村市玉川＊-＊-＊			愛知県	1	名
5	林未知	京都府京都市左京区秋築町＊＊＊			大阪府	2	名
6	垣内順子	東京都小平市喜平町＊-＊-＊			京都府	1	名
7	中林友恵	広島県呉市吾妻＊＊-＊＊			広島県	1	名
8	大内早苗	大阪府大阪市東成区中本＊＊-＊＊					
9	林未知	大阪府大阪市住吉区墨江＊＊-＊＊					
10	秋本有子	栃木県佐野市大栗町＊＊＊-＊＊					

たとえば、2-2節 具体例3 では、フィルターで抽出した売上1位と2位をAGGREGATE関数でそれぞれ求めましたが、このルールを守って、以下のように数式を作成しておけば、数式をオートフィルでコピーするだけでスピーディーに求められるというわけです。

[配列] を絶対参照のセル範囲にする
[順位] をセル参照にする

2 行列見出しの条件に一致する値を条件ごとにまとめて集計するには複合参照を使おう

では今度は、条件のセルが数式のコピーでずれないようにするには、どうしたらいいのでしょうか。もちろん、この場合も絶対参照を使えばいいのですが、問題は以下のように複数の行列にコピーしなければならないときです。以下のクロス表では、それぞれの行見出しと列見出しを条件として、その交差するセルに集計値を求める必要があります。

このようなクロス表の集計値は、行見出しと列見出しが交差するセルに、以下の条件式で集計値を求めます。

行見出しAND列見出し

使う関数は、AND条件で集計できる5つの関数（SUMIFS関数、AVERAGEIFS関数、COUNTIFS関数、MAXIFS関数［Excel2019のみ］）、MINIFS関数［Excel2019のみ］）です（4-1-1項参照）。

たとえば、クロス表に合計を求めるならば、以下の手順を踏みます。

① SUMIFS 関数の数式をクロス表の左上のセルに作成
② その集計値をオートフィルでほかの行列にコピー

ここで、②オートフィルでコピーするときに、条件の行列見出しのセルは、行・列両方の番号を固定してしまう絶対参照ではなく、次のような固定をして数式を作成しなければいけません。

列方向（右）へコピーしてもずれないように行見出しの列番号だけを固定
行方向（下）へコピーしてもずれないように列見出しの行番号だけを固定

このように、行番号・列番号どちらかだけを参照する形式を複合参照といいます。ずれないように固定させるには、絶対参照と同じく、セル番地に$記号を付けます。

列番号だけを固定するには列番号の前だけに $ 記号を付ける
（例：$A1）
行番号だけを固定するには行番号の前だけに $ 記号を付ける
（例：A$1）

ここでは、SUMIFS関数の数式の2つの条件を以下のようにしましょう。

=SUMIFS($E$2:$E$11,$C$2:$C$11,$H3,$D$2:$D$11,I$2)

この数式をクロス表の左上に入力して、オートフィルで行列にコピーしてみると、それぞれの行見出しと列見出しを条件として、その交差するセルに集計値が求められます。

行見出しのショップ名、列見出しの種類がそれぞれの条件で指定され、クロス集計表が完成しました。

なお、この$記号は、いちいち入力しなくても、絶対参照にするときに使用した F4 を押す回数によって、以下の表のように自動で入力されます。

F4 による$記号の入力

F4 を押す回数	セル表示	参照形式	内容
1回	$A$1	絶対参照	行列番号が固定
2回	A$1	複合参照	行番号だけ固定
3回	$A1	複合参照	列番号だけ固定
4回	A1	相対参照	固定なし

3 絶対参照と相対参照の組み合わせでできること

条件に一致する値の集計を条件ごとにスピーディーに求めるには、$記号の使い方がポイントでした。ここまでのセルの参照形式は以下の3つです。

相対参照：相対的な位置関係で参照する参照形式（序章参照）
絶対参照：絶対的な位置関係で参照する参照形式
複合参照：行番号と列番号のどちらかを絶対的な位置関係で参照する参照形式

これらは、以下の「絶対参照と相対参照」のように、組み合わせて使えるのです。

$A$1:A1
絶対参照────────── ──────相対参照

ためしに、以下の入場者数のセル番地を上記のように指定して、SUM関数の引数に使い数式を作成して、ほかの行にオートフィルでコピーしてみましょう。

C5			f_x	=SUM($B$5:B5)	
	A	B	C	D	
1	開園日	入場者数	累計入場者数		
2	2019/4/26(金)	4,158			
3	2019/4/27(土)	6,222			
4	2019/4/28(日)	7,610			
5	2019/4/29(月)	10,678	10,678		
6	2019/4/30(火)	9,429			
7	2019/5/1(水)	12,730			

　すると、次の行には、①相対参照のセル番地だけが変更され、②GW入場者数1日目から2日目までのセル範囲がSUM関数の引数で指定されています。つまり、「GW入場者数1日目から2日目までの累計」が求められるのです。

　さらに、次の行には、③GW入場者数1日目から3日目までのセル範囲がSUM関数の引数で指定されて、「GW入場者数1日目から3日目までの累計」が求められています。

　このように、絶対参照と相対参照を組み合わせたセル番地にしておけば、数式のコピーでセル範囲をずんずんと拡張できるのです。

　累計といえば、1-1節でも説明したように、クイック分析ボタンを使えば自動で作成できました。この自動で作成された累計のセルの数式を確認してみると、同じ数式であることがわかります。

　クイック分析ボタンが使えないExcel2010で累計を求めたい時は、このように集計するセル範囲を絶対参照と相対参照の組み合わせで指定してSUM関数の引数に指定して数式を作成すれば求められます。もちろん、累計は1つ上のセルを足し算しただけで求められますが、SUM関数で求めておけば、途中の行を削除・挿入しても自動で累計を求められるのが利点です。

4　重複は同じデータの数を条件に集計しよう

　絶対参照と相対参照の組み合わせでできることを理解しておけば、重複を条件に集計をおこなえます。顧客名簿、社員名簿、会員名簿、来客名簿など、名前や住所をExcelで入力した後に、「同じデータを除いた人数が知りたい」「日々の売上台帳で売れた商品の数を知りたい」という場合に必要なのが、重複を除いた件数です。リピーター数を知りたいなら、重複の件数が必要です。

　そんな重複の集計に対応するため、Excelには、①[データ]タブの[データツール]グループにある「重複の削除ボタン」という重複を削除するツールが用意されています。

　たとえば、以下の会員名は重複しています。重複の削除ボタンをクリックして表示される［重複の削除］ダイアログボックスで②重複を削除する見出し名「会員名」にチェックを入れて、③［OK］ボタンをクリックすると、重複を削除できます。

　重複を削除したなら、あとは④空白以外のセルの数を数えられる
COUNTA関数（1-3節参照）で数式を作成すれば、重複を除いた件数が
求められるというわけです。

　しかし、重複の削除ボタンでは以下のような不都合が生じてしまいます。

データによってうまく重複を削除できない
データの追加が多いと、その都度重複の削除を実行しなければならない
重複した件数を求めたいのに、メッセージでしか表示されない

こんな問題を取り除いて重複に対応した集計をするには、**絶対参照と相対参照の組み合わせにしたセル範囲をCOUNTIF関数の引数に使った数式**を使えば可能です。まず、以下のような手順で重複を数えます。

① 絶対参照と相対参照の組み合わせにしたセル範囲は、COUNTIF 関数の集計する範囲に指定して、数えるセルと同じ番目のセルに（以下の具体例では隣の列に）数式を作成
② 数式をオートフィルでコピーする
③ 1 行目からの同じ値のセルの数がカウントされていく

　カウントされた数値が、それぞれの名前の1行目からの件数（この具体例なら1行目からの人数）となります。同じ名前が最初に見つかると「2」、さらに見つかると「3」とカウントされるのです。つまり、「2」以上の数値がある名前が重複した名前だということになります。ここで、
　次の数値を条件に指定してCOUNTIF関数でセルの数を数えれば、重複を除く件数または重複の件数が求められるというわけです。

重複していないを条件にするなら「1」
重複しているを条件にするなら「2以上」

　この具体例では、重複を除く件数なので、「1」を条件にCOUNTIF関数で数式を作成すれば求められます。

AVERAGEIF関数で数式を作成すれば、重複を除く平均年齢が求められます。

また、1つ目のCOUNTIF関数の数式を多めにコピーしておき、2つ目のCOUNTIF関数で多めにコピーしたセル範囲までを引数に指定して数式を作成しておけば、データの追加にも対応できます。

もちろん、同姓同名など、名前だけでは判断できない重複もあります。そこで、名前と住所、もしくは名前と生年月日など複数条件での重複を判断して重複を除く人数を求める手順を、具体例でくわしく見ていきましょう。

具体例3 複数条件の重複を除く件数を求める

会員名簿をもとに、会員名と住所の2条件で重複を除く会員数を求めてみます。

	A	B	C	D	E
1	ファンクラブ				
2				会員数	
3	入会日	会員名	住所		
4	2019/9/1(日)	道川恭子	愛知県北名古屋市宇福寺＊＊＊		
5	2019/9/3(火)	早瀬菜々美	東京都墨田区堤通＊-＊-＊		
6	2019/9/5(木)	内藤聡子	東京都羽村市玉川＊-＊-＊		
7	2019/9/6(金)	林未知	京都府京都市左京区秋簫町＊＊＊		
8	2019/9/6(金)	垣内順子	東京都小平市喜平町＊-＊-＊		
9	2019/9/8(日)	内藤聡子	東京都羽村市玉川＊＊		
10	2019/9/8(日)	中林友恵	広島県呉市吾妻＊＊＊-＊＊		
11	2019/9/10(火)	大内早苗	大阪府大阪市東成区中本＊＊＊-＊		
12	2019/9/14(土)	林未知	大阪府大阪市住吉区墨江＊-＊-＊		
13	2019/9/15(日)	秋本有子	栃木県佐野市大栗町＊＊＊-＊＊		

　まずは、1行目からのそれぞれの人数をカウントする数式を作成します。複数の条件でセルの数を数えるので、①表の隣のセルを選択し、COUNTIFS関数を入力します。条件は「会員名」と「住所」の2つなので、引数の条件を含む範囲・条件は、条件ごとに対で以下のように指定して数式を作成します。

② [検索条件範囲1] 絶対参照と相対参照の組み合わせにした「会員名」の1つ目のセル番地
③ [検索条件1]　条件「会員名」が入力されたセル
④ [検索条件範囲2] 絶対参照と相対参照の組み合わせにした「住所」の1つ目のセル番地
⑤ [検索条件2] 条件「住所」が入力されたセル

⑥オートフィルで数式をコピーします。

| E4 | × ✓ fx | =COUNTIFS($B$4:B4,B4,$C$4:C4,C4) |
| | | ① ② ③ ④ ⑤ |

	A	B	C	D	E
1	ファンクラブ				
2				会員数	
3	入会日	会員名	住所		
4	2019/9/1(日)	道川恭子	愛知県北名古屋市宇福寺＊＊＊		1
5	2019/9/3(火)	早瀬菜々美	東京都墨田区堤通＊-＊-＊		1
6	2019/9/5(木)	内藤聡子	東京都羽村市玉川＊-＊-＊		1

次に、求められた結果の「1」を条件に会員数を求めます。⑦1つの条件でセルの数を求めるので、求めるセルを選択し、COUNTIF関数を入力します。引数の⑧[範囲]にCOUNTIFS関数で求めたセル範囲、⑨[検索条件]に条件「1」を入力して数式を作成します。

　もしも、重複の条件が3つなら、1行目からのそれぞれの人数をカウントするCOUNTIFS関数の数式は、3つの条件を指定して作成します。重複の条件の数だけ、COUNTIFS関数で条件を指定して数式を作成しましょう。

使える条件付き
関数がない！
でも必要なら配列数式に
チャレンジしてみよう

1 配列数式のしくみを知れば作成は難しくない

　ここまでは、条件に一致する値を集計する関数として8個の関数とデータベース関数を解説してきました。これらの関数を使うと、AND条件、OR条件、AND＋OR条件、一部の条件、重複の条件とさまざまな条件で集計がおこなえました。

　しかし、「必要な集計の方法で集計できる関数がない」「求めたい表にうまくコピーして使えない」という場合には、そんなときはどうしたら集計できるのでしょうか。

　SUMIF関数のようにセル範囲を選択しただけの数式作成で求められ、必要なときは数式をコピーして使えるようにしたいなら、配列数式にチャレンジしてみましょう。1-3節のSUMPRODUCT関数の解説で触れていますが、配列とは、複数の行や列で構成されたデータの集まりのようなものです。その配列に1つの数式を当てはめて、複数の結果や1つの結果を求める計算式を配列数式といいます。

配列数式のしくみ

　まずは、配列数式で求められるしくみを知りましょう。しくみは少しも難しくはありません。じつはものすごく単純なのです。

　たとえば、SUMIF関数に注目してみましょう。関数名を分解すると、「SUM関数＋IF関数」となっていることがわかります。IF関数は「もし

も〜ならば」の結果を満たすか満たさないかで処理を分ける関数で、書式は次のとおりです。

=IF(論理式,[値が真の場合],[値が偽の場合]) (2019/2016の場合)
=IF(論理式,[真の場合],[偽の場合]) (2013/2010の場合)

　引数の［論理式］に指定した条件式を満たす場合は［値が真の場合］に指定した値を返し、満たさない場合は［値が偽の場合］に指定した値を返します。

　「SUM関数＋IF関数」ということは、つまり**SUMIF関数は、IF関数により条件を満たす場合に返された値をSUM関数で合計した結果ということです。**

　では、それを検証してみましょう。たとえば4-1節の 具体例1 です。ショップ名「美乾屋」の「売上」の合計をSUMIF関数で求めています。

　この場合は、「ショップ名が「美乾屋」である場合の「売上」だけ合計する」という内容なので、表の「売上」の隣の列に、①IF関数でその内容の数式を作成します。②引数の[論理式]には「ショップ名が「美乾屋」である場合」の条件式、③[値が真の場合]には条件を満たす場合に返す「売上」のセル番地、④[値が偽の場合]には違う場合に返す空白("")を指定します。⑤その数式をすべての行にオートフィルでコピーしてみます。

| H2 | | | =IF(C2="美乾屋",G2,"") | | | | | | | |

▲	A	B	C	D	E	F	G	H	I	J	K	L
1	No.	日付	ショップ名	種類	価格	数量	売上			■4月新店舗の売上		
2	1	2019/4/1	美乾屋	ナッツ	1,800	17	30,600	30600		ショップ名	美乾屋	
3	2	2019/4/1	桜Beans	ナッツ	1,000	26	26,000					
4	3	2019/4/2	玲豆ん堂	ドライフルーツ	2,800	22	61,600					
5	4	2019/4/3	菜ッ津堂	ナッツ	1,000	10	10,000					
6	5	2019/4/5	美乾屋	ドライフルーツ	1,250	8	10,000	10000				
7	6	2019/4/5	玲豆ん堂	ドライフルーツ	1,500	23	34,500					
8	7	2019/4/6	菜ッ津堂	ナッツ	2,500	22	55,000					
9	8	2019/4/10	胡桃本舗	ドライフルーツ	1,500	11	16,500					
10	9	2019/4/12	胡桃本舗	ナッツ	1,000	10	10,000					
11	10	2019/4/16	美乾屋	ドライフルーツ	1,500	8	12,000	12000				

そして、⑥求められた値をSUM関数で合計すると、⑦SUMIF関数の数式と同じ結果が求められました。

| K3 | | | =SUM(H2:H11) | | | | | | | |

▲	A	B	C	D	E	F	G	H	I	J	K
1	No.	日付	ショップ名	種類	価格	数量	売上			■4月新店舗の売上	
2	1	2019/4/1	美乾屋	ナッツ	1,800	17	30,600	30600		ショップ名	美乾屋
3	2	2019/4/1	桜Beans	ナッツ	1,000	26	26,000				52,600
4	3	2019/4/2	玲豆ん堂	ドライフルーツ	2,800	22	61,600				
5	4	2019/4/3	菜ッ津堂	ナッツ	1,000	10	10,000				
6	5	2019/4/5	美乾屋	ドライフルーツ	1,250	8	10,000	10000			
7	6	2019/4/5	玲豆ん堂	ドライフルーツ	1,500	23	34,500				
8	7	2019/4/6	菜ッ津堂	ナッツ	2,500	22	55,000				
9	8	2019/4/10	胡桃本舗	ドライフルーツ	1,500	11	16,500				
10	9	2019/4/12	胡桃本舗	ナッツ	1,000	10	10,000				
11	10	2019/4/16	美乾屋	ドライフルーツ	1,500	8	12,000	12000			

要するに、求めたい集計結果を配列数式で実現するには、IF関数で条件を満たすため返された値を、求めたい集計内容の関数で集計すればいいのです。

配列数式を作る

2つの数式は配列数式を使えば1つの数式にできます。1つの数式にするには、2つの数式をそのまま組み合わせるのではなく、配列を使った

数式に変更して組み合わせなければなりません。つまり、以下のように、集計するすべてのセル範囲を使った数式にしなければなりません。

$$\text{=SUM(F2:F11) + =IF(C2="美乾屋",E2,"")}$$

$$\text{=SUM(IF(C2:C11="美乾屋",E2:E11,""))}$$

　そして、数式を Ctrl + Shift + Enter で確定します。確定すると、数式の前後に中カッコ「｛｝」が入力されて、配列数式としての結果が求められるのです。

$$\text{\{=SUM(IF(C2:C11="美乾屋",E2:E11,""))\}}$$

　まとめると、配列数式で条件集計をおこなうには、以下の書式にあてはめて入力する必要があるのです。

{=集計する関数①(IF②(条件を含むすべての範囲を使った条件式③,集計するセル範囲④,""⑤)))}

| K3 | ▼ | : | × | ✓ | fx | {=SUM(IF(C2:C11="美乾屋",G2:G11,""))} |

	A	B	C	D	E	F	G	H	I	J	K
1	No.	日付	ショップ名	種類	価格	数量	売上			■4月新店舗の売上	
2	1	2019/4/1	美乾屋	ナッツ	1,800	17	30,600			ショップ名	美乾屋
3	2	2019/4/1	桜Beans	ナッツ	1,000	26	26,000				52,600
4	3	2019/4/2	玲豆ん堂	ドライフルーツ	2,800	22	61,600				
5	4	2019/4/3	菜ッ津堂	ナッツ	1,000	10	10,000				
6	5	2019/4/5	美乾屋	ドライフルーツ	1,250	8	10,000				
7	6	2019/4/5	玲豆ん堂	ドライフルーツ	1,500	23	34,500				
8	7	2019/4/6	菜ッ津堂	ナッツ	2,500	22	55,000				
9	8	2019/4/10	胡桃本舗	ドライフルーツ	1,500	11	16,500				
10	9	2019/4/12	胡桃本舗	ナッツ	1,000	10	10,000				
11	10	2019/4/16	美乾屋	ドライフルーツ	1,500	8	12,000				

　SUMIF関数の数式と同じ結果が求められました。

条件を満たす最大値／最小値も考え方は同じです。IF関数により条件を満たす場合に返された値の最大値を、MAX関数または最小値をMIN関数で返す配列数式を作成すれば求められます。

　条件に一致する値を集計する関数として用意されていない集計方法でも、上記の配列数式の書式にあてはめて入力することで、結果が求められるというわけです。

COLUMN　｜　**配列数式が可能な関数**

　どんな関数でも配列数式の書式にあてはめれば条件に一致する値を集計できるわけではありません。関数には、配列全体を処理する関数と、配列それぞれの要素を処理できる関数があります。たとえば、以下のように分けられます。

　　配列全体を処理する関数：
　　　SUM関数、AVERAGE関数、COUNT(A)関数、MAX関数、
　　　MIN関数など
　　配列それぞれの要素を処理できる関数：
　　　IF関数

　配列数式で条件に一致する値を集計できるのは、「配列それぞれの要素を処理できる関数でそれぞれの結果を処理し、処理されたそれぞれの結果を、配列全体を処理する関数で1つにまとめると答えが導き出される」という場合だけなのです。そのため、処理できない関数を組み合わせても正しい結果は得られません。

　たとえば、RANK関数は配列全体を処理する関数ではないので、条件を満たす順位を求めたくてIF関数を組み合わせて配列数式で求めようとしても、正しい結果は得られません。

配列数式のメリット

SUMIF関数など条件に一致する値を集計する関数より優れている例を1つ挙げてみます。

MAXIFS／MAXIFS関数以外の条件に一致する値を集計する関数は、条件を含む範囲が複数列（複数行）でも集計する範囲が1列（1行）だと1列目（1行目）だけが、条件を含む範囲が1列（1行）だと集計する範囲が複数列（複数行）でも1列目（1行目）だけが集計されます。

しかし、配列数式は条件を含む範囲が1列（1行）で集計する範囲が複数列（複数行）ならすべての複数列（複数行）、条件を含む範囲が複数列（複数行）で集計する範囲が1列（1行）ならすべての複数列（複数行）の条件を含む範囲を集計してくれます。

つらつらと書きましたが、文章だけではわかりづらいですね。では、どのようにして配列数式で条件集計をおこなうのか、具体例でくわしく手順を見ていきましょう。

具体例4 条件を満たす最大値／最小値を配列数式で求める

イベント参加状況をもとに、会場別の参加年齢最年少と最年長を求めてみます。

	A	B	C	D	E	F	G	H	I	J	K
1	会員番号	年齢	参加会場				会場別参加年齢				
2			1日目	2日目	3日目		会場名	最年少		最年長	
3	JRY0154	35	名古屋	東京	大阪		東京		歳		歳
4	JRY0020	48	東京	名古屋	大阪		大阪		歳		歳
5	JRY2013	20	東京	東京	東京		名古屋		歳		歳
6	JRY0059	32	大阪	広島	名古屋		広島		歳		歳
7	JRY0725	64	広島	大阪	大阪						
8	JRY0201	40	広島	広島	東京						
9	JRY1025	28	大阪	東京	名古屋						
10	JRY0409	55	大阪	大阪	東京						

まずは、東京会場の参加年齢最年少を求めます。条件を満たす最小値なので、MIN関数にIF関数を組み合わせて、150ページの配列数式の書式にあてはめて入力します。

① 最年少を求めるセルを選択し、「=MIN(IF(」と数式を入力
② IF関数の引数の[論理式]に「すべての会場名が「東京」である場合」の条件式を入力
③ [値が真の場合]に集計する範囲である「年齢」のセル範囲を選択
④ [値が偽の場合]に空白（""）を入力して、数式を Ctrl + Shift + Enter で確定

	①	②	③ ④

H3		✕ ✓ fx	{=MIN(IF(C3:E10=G3,B3:B10,""))}

▲	A	B	C	D	E	F	G	H	I	J	K
1	会員番号	年齢	参加会場				会場別参加年齢				
2			1日目	2日目	3日日		会場名	最年少		最年長	
3	JRY0154	35	名古屋	東京	大阪		東京	20	歳		歳
4	JRY0020	48	東京	名古屋	大阪		大阪		歳		歳
5	JRY2013	20	東京	東京	東京		名古屋		歳		歳
6	JRY0059	32	大阪	広島	名古屋		広島		歳		歳
7	JRY0725	64	広島	大阪	大阪						
8	JRY0201	40	広島	広島	東京						
9	JRY1025	28	大阪	東京	名古屋						
10	JRY0409	55	大阪	大阪	東京						

　⑤東京会場の参加年齢最年長を求めるセルには、「=MAXIF(」と入力して、②～④と同じ手順で入力したら、数式を Ctrl + Shift + Enter で確定します。

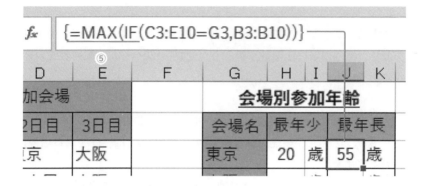

$\{=MAX(IF(C3:E10=G3,B3:B10))\}$

	D		E		F		G		H		I		J		K
⑤															
加会場							**会場別参加年齢**								
2日目		3日目				会場名		最年少				最年長			
京		大阪				東京		20	歳			55	歳		

　ここで、配列数式の条件を含む範囲と集計する範囲を、4-3節132ページの条件に一致する値の集計を条件ごとに求めるときと同じように①絶対参照にしておけば、②オートフィルで数式をコピーして、条件ごとの最大値／最小値が求められます。データベース関数のDMAX関数・DMIN関数ではこんなにスピーディーに条件ごとに求められません。

$\{=MIN(IF(\$C\$3:\$E\$10=G3,\$B\$3:\$B\$10,""))\}$

	D		E		F	①		G		H		I		J		K
加会場								**会場別参加年齢**								
日目		3日目						会場名		最年少				最年長		
京		大阪						東京		20	歳			55	歳	
古屋		大阪						大阪		28	歳			64	歳	
京		東京						名古屋		28	歳		4②		歳	
島		名古屋						広島		32	歳			64	歳	
阪		大阪														

また、Excel2019ではMAXIFS関数・MINIFS関数を使えば、最大値／最小値が求められますが、この具体例のように、条件を含む範囲と集計する範囲の列数が異なる場合には求められないのです。そのため、ここでの配列数式の方法も頭に入れておきましょう。

2　配列数式でAND条件OR条件を満たす集計をおこなうには

　では次に、配列数式で複数の条件に一致する値を集計する方法を見てみましょう。条件に一致する値の集計は、IF関数で条件を満たすため返された値を、求めたい集計内容の関数で集計すれば求められました。同じように、IF関数で複数の条件を満たすため返された値を、求めたい集計内容の関数で集計すれば求められます。

　では、それを検証してみましょう。ここでも、4-1節の 具体例1 の表を例に挙げましょう。

　ショップ名「美乾屋」の種類が「ドライフルーツ」の「売上」の合計をSUMIFS関数で求めています。この場合は、「ショップ名「美乾屋」の種類が「ドライフルーツ」である場合の「売上」だけ合計する」という内容なので、表の「売上」の隣の列に①IF関数でその内容の数式を作成します。②引数の[論理式]には「ショップ名が「美乾屋」であり、種類が「ドライフルーツ」である」のAND条件式、③[値が真の場合]には条件を満たす場合に返す「売上」のセル番地、④[値が偽の場合]には違う場合に返す空白（""）を指定します。⑤その数式をすべての行にオートフィルでコピーしてみます。

H2 | =IF(AND(C2="美乾屋",D2="ドライフルーツ"),G2,"")

	A	B	C	D	E	F	G	H	I	J	K
1	No.	日付	ショップ名	種類	価格	数量	売上			■4月新店舗の売上	
2	1	2019/4/1	美乾屋	ナッツ	1,800	17	30,600			ショップ名	美乾屋
3	2	2019/4/1	桜Beans	ナッツ	1,000	26	26,000				52,600
4	3	2019/4/2	玲豆ん堂	ドライフルーツ	2,800	22	61,600			ドライフルーツ	
5	4	2019/4/3	菜ッ津堂	ナッツ	1,000	10	10,000				
6	5	2019/4/5	美乾屋	ドライフルーツ	1,250	8	10,000	10000		⑤	
7	6	2019/4/5	玲豆ん堂	ドライフルーツ	1,500	23	34,500				
8	7	2019/4/6	菜ッ津堂	ナッツ	2,500	22	55,000				
9	8	2019/4/10	胡桃本舗	ドライフルーツ	1,500	11	16,500				
10	9	2019/4/12	胡桃本舗	ナッツ	1,000	10	10,000				
11	10	2019/4/16	美乾屋	ドライフルーツ	1,500	8	12,000	12000			

そして、⑥求められた値をSUM関数で合計すると、⑦SUMIFS関数の数式と同じ結果が求められました。

K4 | =SUM(H2:H11)

	A	B	C	D	E	F	G	H	I	J	K
1	No.	日付	ショップ名	種類	価格	数量	売上			■4月新店舗の売上	
2	1	2019/4/1	美乾屋	ナッツ	1,800	17	30,600			ショップ名	美乾屋
3	2	2019/4/1	桜Beans	ナッツ	1,000	26	26,000				52,600
4	3	2019/4/2	玲豆ん堂	ドライフルーツ	2,800	22	61,600			ドライフルーツ	22,000
5	4	2019/4/3	菜ッ津堂	ナッツ	1,000	10	10,000				
6	5	2019/4/5	美乾屋	ドライフルーツ	1,250	8	10,000	10000		⑦	
7	6	2019/4/5	玲豆ん堂	ドライフルーツ	1,500	23	34,500				
8	7	2019/4/6	菜ッ津堂	ナッツ	2,500	22	55,000				
9	8	2019/4/10	胡桃本舗	ドライフルーツ	1,500	11	16,500				
10	9	2019/4/12	胡桃本舗	ナッツ	1,000	10	10,000				
11	10	2019/4/16	美乾屋	ドライフルーツ	1,500	8	12,000	12000			

AND条件式・OR条件式のしくみ

さて、この2つの数式も先ほどと同じように配列数式を使って1つの数式にすることができるのですが、その前に、IF関数の引数の[論理式]に作成したAND条件式について理解しておきましょう。

AND条件式はAND関数、OR条件式はOR関数を使えば作成できます。AND関数はすべての条件を満たしているかどうかを調べ、OR関数はいずれかの条件を満たしているかどうかを調べる関数です。それぞれの書式は以下のとおりです。

=AND(論理式1[,論理式2…,論理式255])

=OR(論理式1[,論理式2…,論理式255])

　AND関数はそのすべてを満たすと「TRUE」を、1個でも満たさない
と「FALSE」を返します。OR関数はいずれかを満たすと「TRUE」を、
すべて満たさないと「FALSE」を返します。「TRUE」と「FALSE」は、
Excelのデータの種類の1つで論理値と呼ばれます。もともと、条件式は
満たすと「TRUE」、満たさないと「FALSE」が返されます。

　IF関数は、引数の[論理式]に指定した条件式が「TRUE」のときに、
引数の[値が真の場合]に指定した値をセルに返し、条件式が「FALSE」
のときに、[値が偽の場合]に指定した値をセルに返します。つまり、IF
関数の引数の[論理式]に、AND関数やOR関数で条件式を指定すると、
すべての（OR関数の場合はいずれかの）条件式を満たす場合は[値が真
の場合]に指定した値を返し、満たさない場合は[値が偽の場合]に指定し
た値を返すことができるのです。

配列数式でAND条件・OR条件を1つの数式にする

　しかし、**配列数式でAND関数やOR関数は使えません**。では、2つの
数式を配列数式を使って1つの数式にするにはどうすればいいのでしょ
うか。

　じつは、AND関数やOR関数で返される論理値の「TRUE」や「FALSE」
は、「*（かけ算）」や「＋（足し算）」の演算子を使って計算をおこなう
と数値に変換され、「TRUE」は「1」、「FALSE」は「0」として計算が
おこなわれます。つまり、AND条件式なら以下のように計算されるの
です。

2つの条件式両方とも条件を満たしている場合：TRUE*TRUE=1*1=1

どちらかが満たしていない場合：TRUE*FALSE=1*0=0

両方とも満たしていない場合：FALSE*FALSE=0*0=0

AND条件式はすべてを満たしている必要があるので、**すべての条件を満たしている1のときだけ集計がおこなうようにすればいい**ということになります。

　OR条件式なら以下のように計算されます。

　２つの条件式両方とも条件を満たしている場合：**TRUE+TRUE=1+1=2**
　どちらかが満たしていない場合：**TRUE+FALSE=1+0=1**
　両方とも満たしていない場合：**FALSE+FALSE=0+0=0**

　OR条件式はどれか1つでも条件を満たしていればいいのですが、どれか1つでも条件を満たしていると「1」以上なので、**「1以上」のときだけ集計をおこなうようにすればいい**ということになります。

　また、IF関数は、引数の[論理値]の結果が「0」以外の数値の場合は条件を満たしていると判定して「TRUE」を返し、「0」の場合は条件を満たしていないと判定して「FALSE」を返します。

　この2つの性質を利用して、配列数式では、IF関数の引数の［論理式］に以下の3つの鉄則に従って条件式を入力します。

　鉄則１：AND 条件式はそれぞれ「*」で結合する
　鉄則２：OR 条件式はそれぞれ「+」で結合する
　鉄則３：それぞれの条件式は () で囲む

こうすることで、SUMIFS関数の数式と同じ結果が求められました。

f_x {=SUM(IF((C2:C11="美乾屋")*(D2:D11="ドライフルーツ"),G2:G11,""))}

	1つ目の条件式	F 数量	AND	H	I	2つ目の条件式	K
ナッツ	1,800	17	30,600			■4月新...	
					ショップ名		美乾屋
ナッツ	1,000	26	26,000				52,600
ドライフルーツ	2,800	22	61,600			ドライフルーツ	22,000
ナッツ	1,000	10	10,000				

それでは、どのようにして配列数式で複数の条件集計をおこなうのか、具体例でくわしく手順を見ていきましょう。

具体例5 複数の条件を満たす最大値／最小値を配列数式で求める

イベント参加状況をもとに、東京会場と大阪会場の参加年齢最年少と最年長を求めてみます。

	A 会員番号	B 年齢	C 参加会場 1日目	D 2日目	E 3日目	F	G H I J K
1							■東京会場と大阪会場の参加年齢
2							最年少 □ 歳
3	JRY0154	35	名古屋	東京	大阪		最年長 □ 歳
4	JRY0020	48	東京	名古屋	大阪		
5	JRY2013	20	東京	東京	東京		
6	JRY0059	32	大阪	広島	名古屋		
7	JRY0725	64	広島	大阪	大阪		
8	JRY0201	40	広島	広島	東京		
9	JRY1025	28	大阪	東京	名古屋		
10	JRY0409	55	大阪	大阪	東京		

まずは、2つの会場の参加年齢最年少を求めます。条件を満たす最小値なので、MIN関数にIF関数を組み合わせて配列数式で求めます。

①最年少を求めるセルを選択し、「=MIN(IF(」と数式を入力
②条件は「東京」OR「大阪」なので、IF関数の引数の[論理式]に「会場名が「東京」である場合」と「会場名が「大阪」である場合」の2つの条件式をそれぞれ「[( )]」で囲み、「+」で結合して指定

③ [値が真の場合] に集計する範囲である「年齢」のセル範囲を選択

④ [値が偽の場合] に空白（""）を入力して、数式を Ctrl + Shift + Enter で確定します。

最年長を求めるセルには⑤「=MAXIF(」と入力して、②～④と同じ手順で入力したら、数式を Ctrl + Shift + Enter で確定します。

{=MAX(IF((C3:E10="東京")+(C3:E10="大阪"),B3:B10,""))}	
⑤	

■東京会場と大阪会場の参加年齢

加会場				■東京会場と大阪会場の参加年齢			
2日目	3日目			最年少	20	歳	
京	大阪			最年長	64	歳	

こちらも、具体例4 と同じように、配列数式の条件を含む範囲と集計する範囲を、4-3節の条件に一致する値の集計を条件ごとに求めるときと同じように①絶対参照にしておけば、②オートフィルで数式をコピーして、集計する関数名を「MAX」に修正するだけで、自動で求められます。

ただし、配列数式を修正したら、必ず Ctrl + Shift + Enter で数式を確定することを忘れないようにしましょう。

| I2 | | ▼ | : | × | ✓ | ƒx | {=MIN(IF(($C$3:$E$10="東京")+($C$3:$E$10="大阪"),$B$3:$B$10,""))} |

▲	A	B	C	D	E	F	G H	I	J	K	L	M	N
1	会員番号	年齢	参加会場				■東京会場と大阪会場の参加年齢						
2			1日目	2日目	3日目		最年少	20	歳				
3	JRY0154	35	名古屋	東京	大阪		最年長	64	歳				
4	JRY0020	48	東京	名古屋	大阪								
5	JRY2013	20	東京	東京	東京								
6	JRY0059	32	大阪	広島	名古屋								
7	JRY0725	64	広島	大阪	大阪								
8	JRY0201	40	広島	広島	東京								
9	JRY1025	28	大阪	東京	名古屋								
10	JRY0409	55	大阪	大阪	東京								

テーブルや名前の長所を活かそう

1 テーブルを使って、データの追加を数式に自動反映させよう

　最後に、集計をおこなううえで、より作業の短縮化を図る手段も覚えておきましょう。

　序章2節で見たように、表をテーブルに変換しておけば、データを追加しても表内にある数式を自動コピーできました。じつは、**テーブル内のセル範囲を使用した数式を、テーブル以外の場所に作成しても、数式のセル範囲は自動参照されます**。そのため、データを追加しても数式を変更する必要がありません。つまり、4-1節 具体例1 でSUMIF関数・SUMIFS関数で集計値を求めたあと、表をテーブルに変換しておけば、データを追加しても自動で数式に反映されるようになります。

K3	▼	:	×	✓	fx	=SUMIF(C2:C13,K2,G2:G13)				
▲	A	B	C	D	E	F	G	H	I	J	K
1	No.	日付	ショップ名	種類	価格	数量	売上			■4月新店舗の売上	
2	1	2019/4/1	美乾屋	ナッツ	1,800	17	30,600			ショップ名	美乾屋
3	2	2019/4/1	桜Beans	ナッツ	1,000	26	26,000				52,600
4	3	2019/4/2	玲豆ん堂	ドライフルーツ	2,800	22	61,600			ドライフルーツ	22,000
5	4	2019/4/3	菜ッ津堂	ナッツ	1,000	10	10,000				
6	5	2019/4/5	美乾屋	ドライフルーツ	1,250	8	10,000			集計値が自動変更	
7	6	2019/4/5	玲豆ん堂	ドライフルーツ	1,500	23	34,500				
8	7	2019/4/6	菜ッ津堂	ナッツ	2,500	22	55,000				
9	8	2019/4/10	胡桃本舗	ドライフルーツ	1,500	11	16,500				
10	9	2019/4/12	胡桃本舗	ナッツ	1,000	10	10,000			データ追加	
11	10	2019/4/16	美乾屋	ドライフルーツ	1,500	8	12,000				
12	11	2019/4/20	胡桃本舗	ナッツ	1,500	20	30,000				
13	12	2019/4/20	胡桃本舗	ドライフルーツ	1,800	10	18,000				

　データを追加するたびに数式のセル範囲を修正しなくても済むので、データの追加が多い表をもとに集計するなら、数式を作成したあとテーブルに変換しておくと、作業が大幅に短縮できます。ただし、**数式作成後にテーブルに変換して自動反映されるのは、2行以上の表のセル範囲**

を使った数式だけなので注意してください。

2　どんな内容なのかわかる数式を作成するには

　数式のコピーに欠かせないセル参照・絶対参照ですが、セル番地や$記号の数式を見ても、どんな内容で作成されているのかわかりにくいです。特に、複数のシートでさまざまな表を作成していて、違うシートに集計値を求めていると、どの表の何の集計なのかさっぱりわからなくなってしまいます。

　そこで、先ほどのように数式を作成してからではなく、表をテーブルに変換してから、数式を作成してみましょう。表の列見出しで数式が作成されるため、どんな内容で結果が求められているのか、わかりやすい数式を作成できるのです。

K3	▼	:	×	✓	fx	=SUMIF(C2:C11,K2,G2:G11)						
▲	A	B	C	D	E	F	G	H	I	J	K	L
1	No.	日付	ショップ名	種類	価格	数量	売上			■4月新店舗の売上		
2	1	2019/4/1	美乾屋	ナッツ	1,800	17	30,600			ショップ名	美乾屋	
3	2	2019/4/1	桜Beans	ナッツ	1,000	26	26,000				52,600	
4	3	2019/4/2	玲豆ん堂	ドライフルーツ	2,800	22	61,600			ドライフルーツ	22,000	
5	4	2019/4/3	菜ッ津堂	ナッツ	1,000	10	10,000					
6	5	2019/4/5	美乾屋	ドライフルーツ	1,250	8	10,000					
7	6	2019/4/5	玲豆ん堂	ドライフルーツ	1,500	23	34,500					

↓

K3	▼	:	×	✓	fx	=SUMIF(売上管理表[ショップ名],K2,売上管理表[売上])						
▲	A	B	C	D	E	F	G	H	I	J	K	
1	No.	日付	ショップ名	種類	価格	数量	売上			■4月新店舗の売上		
2	1	2019/4/1	美乾屋	ナッツ	1,800	17	30,600			ショップ名	美乾屋	
3	2	2019/4/1	桜Beans	ナッツ	1,000	26	26,000				52,600	
4	3	2019/4/2	玲豆ん堂	ドライフルーツ	2,800	22	61,600			ドライフルーツ	22,000	
5	4	2019/4/3	菜ッ津堂	ナッツ	1,000	10	10,000					
6	5	2019/4/5	美乾屋	ドライフルーツ	1,250	8	10,000					
7	6	2019/4/5	玲豆ん堂	ドライフルーツ	1,500	23	34,500					

では、どうしてこのような数式になるのでしょうか。序章2節で解説時のテーブル内の数式は以下のとおりでした。

=[@価格]*[@数量]

　このように「@」が付くと、「この行の価格の列」を意味しますが、**「@」が付かない[列見出し]は、「その見出しの列」を意味します。**2-1節の 具体例1 で、テーブルに追加した集計行に自動で作成されるSUBTOTAL関数の数式がそうです。

| G18 | ▼ | ⋮ | × | ✓ | fx | =SUBTOTAL(109,[売上]) |

▲	A	B	C	D	E	F	G
1	No. ▼	日付 ▼	ショップ名▼	種類 ▼	価格▼	数量▼	売上 ▼
2	1	2019/4/1	美乾屋	ナッツ	1,800	17	30,600
3	2	2019/4/1	桜Beans	ナッツ	1,000	26	26,000
5	4	2019/4/3	菜ッ津堂	ナッツ	1,000	10	10,000
8	7	2019/4/6	菜ッ津堂	ナッツ	2,500	22	55,000
10	9	2019/4/12	胡桃本舗	ナッツ	1,000	10	10,000
12	11	2019/4/20	胡桃本舗	ナッツ	1,500	20	30,000
17	16	2019/4/30	桜Beans	ナッツ	1,800	10	18,000
18	集計					115	179,600 ▼

　集計するセル範囲ではなく、列見出しになっています。数式内の[売上]は「売上の見出しの列」を意味するので、「売上」の全セルの選択範囲を対象にして合計が求められるというわけです。

　このように、テーブル全体または一部を参照する参照形式を構造化参照といいました（序章参照）。表をテーブルに変換すると、構造化参照を使用して数式にデータを参照できるようになります。そして、**テーブル以外の場所にテーブルのデータを使用した数式を作成した場合でも、構造化参照で表示されます。**テーブル以外の場所に構造化参照を使用すると、**「テーブル名[列見出し]」**というテーブル名と列名の組み合わせ

で指定されるので、テーブル以外の場所にテーブルのデータを使用して
SUMIF関数の数式を作成すると、以下のようになるのです。

=SUMIF(売上管理表[ショップ名],K2,売上管理表[売上])						
テーブル名		列見出し		テーブル名	列見出し	
種類	価格	数量	売上		■4月新店舗の売上	
ナッツ	1,800	17	30,600		ショップ名	美乾屋
ナッツ	1,000	26	26,000			52,600
ドライフルーツ	2,800	22	61,600		ドライフルーツ	22,000
ナッツ	1,000	10	10,000			

　上記の数式は、テーブル「売上管理表」の「ショップ名」の全セルの
選択範囲、テーブル「売上管理表」の「売上」の全セルの選択範囲を指
定した内容です。

　また、**このテーブル名と列名はいちいち入力しなくても、テーブル内
のセル範囲を選択しただけで自動入力されます**。しかも、いちいちセル
範囲を選択しなくても、クリックで入力できるコツもあるので、セルを
絶対参照にするよりも早く入力できます。

　それでは、テーブルの列見出しを使った数式で、条件ごとの集計値を
求める手順を具体例でくわしく見ていきましょう。

具体例6　テーブルの列見出しの数式で条件ごとの集計値を求める

　売上管理表をテーブルに変換して、列見出しを使った数式でショップ
ごとの「売上」の合計を求めてみます。

No.	日付	ショップ名	種類	価格	数量	売上		■ショップ別売上	
								ショップ名	売上
1	2019/4/1	美乾屋	ナッツ	1,800	17	30,600		胡桃本舗	
2	2019/4/1	桜Beans	ナッツ	1,000	26	26,000		桜Beans	
3	2019/4/2	玲豆ん堂	ドライフルーツ	2,800	22	61,600		菜ッ津堂	
4	2019/4/3	菜ッ津堂	ナッツ	1,000	10	10,000		美乾屋	
5	2019/4/5	美乾屋	ドライフルーツ	1,250	8	10,000		玲豆ん堂	
6	2019/4/5	玲豆ん堂	ドライフルーツ	1,500	23	34,500			
7	2019/4/6	菜ッ津堂	ナッツ	2,500	22	55,000			
8	2019/4/10	胡桃本舗	ドライフルーツ	1,500	11	16,500			
9	2019/4/12	胡桃本舗	ナッツ	1,000	10	10,000			
10	2019/4/16	美乾屋	ドライフルーツ	1,500	8	12,000			

　まず、表をテーブルに変換してテーブルに名前を付けます。①テーブル内のセルを選択し、[デザイン] タブ→ [プロパティグループ] の [テーブル名] のボックスに名前「売上管理表」を入力します。

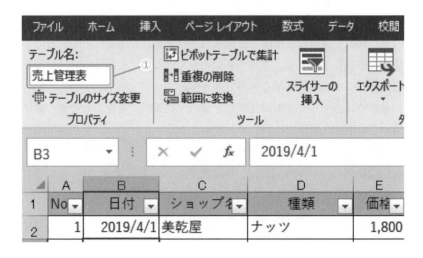

　これで準備ができたので、1つ目のショップの売上合計を求めます。

②求めるセルを選択し、SUMIF 関数を入力

③引数の [範囲] に、条件を含む範囲の列見出し「ショップ名」のセルの上端をクリックして、カーソルの形状が「↓」になったらクリック

すると、以下のように、数式内に挿入される

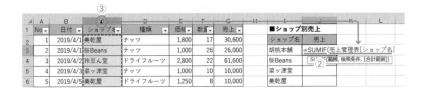

④ 「,」を入力して、[検索条件] に条件「美乾屋」が入力されたセルを
選択

⑤ 「,」を入力して、[合計範囲] に集計する範囲の列見出し「売上」の
セルの上端をクリックし、カーソルの形状が「↓」になったらクリッ
クすると、以下のように数式内に挿入される

⑥ Enter で数式を確定し、数式を必要なだけオートフィルでコピーす
ると、ショップごとの「売上」の合計が求められる

J3		× ✓ fx	=SUMIF(売上管理表[ショップ名],I3,売上管理表[売上])						
	A	B	C	D	E	F	G	H	I	J
1	No	日付	ショップ名	種類	価格	数量	売上		■ショップ別売上	
2	1	2019/4/1	美乾屋	ナッツ	1,800	17	30,600		ショップ名	売上
3	2	2019/4/1	桜Beans	ナッツ	1,000	26	26,000		胡桃本舗	⑥ 26,500
4	3	2019/4/2	玲豆ん堂	ドライフルーツ	2,800	22	61,600		桜Beans	26,000
5	4	2019/4/3	菜ッ津堂	ナッツ	1,000	10	10,000		菜ッ津堂	65,000
6	5	2019/4/5	美乾屋	ドライフルーツ	1,250	8	10,000		美乾屋	52,600
7	6	2019/4/5	玲豆ん堂	ドライフルーツ	1,500	23	34,500		玲豆ん堂	96,100

なお、テーブル内の列見出しのセルの上端をクリックしなくても、直接入力できます。引数に①「テーブル名[」と入力すると、テーブルの要素がリストで表示されるので、②必要な列見出し名をダブルクリックすることで入力できます。

　絶対参照は必要ありませんでした。データを追加してみると、ショップごとの「売上」の合計が変更されます。

　ただし、テーブルはExcel2007から追加された機能です。業務上、Excel97-2003形式でブックを保存しなければならなくなった場合や、そ

のほか、テーブルを解除して元の表に戻した場合は、以下のように絶対
参照の数式に変更されます。

f_x	=SUMIF(Sheet1!$C$2:$C$11,I3,Sheet1!$G$2:$G$11) ←

名 ▾	種類 ▾	価格 ▾	数量 ▾	売上 ▾	H	■ショップ別売上	
	ナッツ	1,800	17	30,600		ショップ名	売上
	ナッツ	1,000	26	26,000		胡桃本舗	26,500
	ドライフルーツ	2,800	22	61,600		桜Beans	26,000
	ナッツ	1,000	10	10,000		菜ッ津堂	65,000

3 テーブルでは不都合な表は名前を使ってみよう

　テーブルは、数式のセル範囲を自動で参照したり、絶対参照なしに数
式をコピーできますが、残念ながら、行見出しの表では使えません。ま
た、列見出し以外の独自の名前で数式を作成できません。また、表の列
見出しを以下のような複数階層にしていると、テーブルへの変換はでき
ても、強引に1列ごとの列見出しになりレイアウトが崩れてしまいます。

A	B	C	D	E	F	G	H
No.	日付	ショップ名	ナッツ		ドライフルーツ		売上
			価格	数量	価格	数量	
1	2019/4/1	美乾屋	1,800	17	1,000	7	37,600
2	2019/4/1	桜Beans	1,000	26	1,000	19	45,000
3	2019/4/2	玲豆ん堂	1,500	8	2,800	22	73,600

A	B	C	D	E	F	G	H
No ▾	日付 ▾	ショップ名 ▾	ナッツ ▾	列 ▾	ドライフルーツ ▾	列 ▾	売上 ▾
			価格	数量	価格	数量	
1	2019/4/1	美乾屋	1,800	17	1,000	7	37,600
2	2019/4/1	桜Beans	1,000	26	1,000	19	45,000
3	2019/4/2	玲豆ん堂	1,500	8	2,800	22	73,600
4	2019/4/3	菜ッ津堂	1,000	10	1,000	6	16,000
5	2019/4/4	美乾屋	1,000	8	1,250	8	18,000
6	2019/4/5	玲豆ん堂	2,350	10	1,500	23	58,000

　また、絶対参照いらずで数式コピーができても、列方向にコピーして
求める場合は、参照する列見出し名が1つずつずれてしまうので、以下

のように範囲を指定しなければなりません。

fx	=SUMIF(売上管理表[[ショップ名]:[ショップ名]],J3,売上管理表[[売上]:[売上]])											
ブイ▼	D 種類 ▼	E 価格 ▼	F 数量 ▼	G 売上 ▼	H	■ショップ別売上						
	ナッツ	1,800	17	30,600		地区名		関東地区			関西地区	
	ナッツ	1,000	26	26,000		ショップ名	胡桃本舗	菜ッ津堂	美乾屋	桜Beans	玲豆ん堂	
	ドライフルーツ	2,800	10	28,000		売上	16,500	65,000	52,600	26,000	77,500	
	ナッツ	1,000	10	10,000								

　こうなると、意外と面倒な作業が多くなってしまいます。

　テーブルに変換できない、もしくは変換すると不都合な表・行見出しの表の場合で、今のレイアウトを保ったまま、表のセル範囲を自動参照して数式を作成したいなら、**データが追加される範囲まで多めに指定して数式を作成する**という手段が有効です。

　そして、「数式をセル範囲でなく内容がわかりやすいような名前にしたい」「独自の名前で作成したい」といった場合なら、**セル範囲に名前を付けましょう**。セル範囲に名前を付けて数式で使えば、集計元の表とは別シートに集計しても、テーブルをもとに数式を作成したときと同じように、どんな内容で集計されているのかわかりやすくなります。

何を集計しているのか
わかりやすい

　名前でセル範囲を参照するので、その名前を数式で使うだけで、数式はコピーしてもずれることはなく、あらかじめ多めに選択した範囲に名前を付けておけば、データの追加にも対応できるというわけなのです。

　では、どのようにしてセル範囲に名前を付けて、数式で使うのか、具体例で手順をくわしく見ていきましょう。

具体例7 セル範囲に名前を付けて数式で使う

複数階層の列見出しで作成した表をもとに、数式の内容がわかるようにショップごとの「売上」の合計を求めてみます。

	B	C	D	E	F	G	H	I	J	K
	日付	ショップ名	ナッツ		ドライフルーツ		売上		■ショップ別売上	
			価格	数量	価格	数量			ショップ名	売上
	2019/4/1	美乾屋	1,800	17	1,000	7	37,600		胡桃本舗	
	2019/4/1	桜Beans	1,000	26	1,000	19	45,000		桜Beans	
	2019/4/2	玲豆ん堂	1,500	8	2,800	22	73,600		菜ッ津堂	
	2019/4/3	菜ッ津堂	1,000	10	1,000	6	16,000		美乾屋	
	2019/4/5	美乾屋	1,000	8	1,250	8	18,000		玲豆ん堂	
	2019/4/5	玲豆ん堂	2,350	10	1,500	23	58,000			
	2019/4/6	菜ッ津堂	2,500	22	2,800	10	83,000			
	2019/4/10	胡桃本舗	1,500	32	1,500	11	64,500			
	2019/4/12	胡桃本舗	1,000	10	1,800	5	19,000			
	2019/4/16	美乾屋	1,000	5	1,500	8	17,000			

まず、内容がわかるようにしたいセル範囲に名前を付けます。

① 「ショップ名」のセル範囲を選択して、名前ボックスに「ショップ名」と入力
② 「売上」のセル範囲を選択して、名前ボックスに「第1四半期売上」と入力

| | 第1四半期売上 | ▼ | ⋮ | × | ✓ | f_x | =D3*E3+F3*G3 | |

◢	A	B	C	D	E	F	G	H
1	No.	日付	ショップ名	ナッツ		ドライフルーツ		売上 ②
2				① 価格	数量	価格	数量	
3	1	2019/4/1	美乾屋	1,800	17	1,000	7	37,600
4	2	2019/4/1	桜Beans	1,000	26	1,000	19	45,000
5	3	2019/4/2	玲豆ん堂	1,500	8	2,800	22	73,600
6	4	2019/4/3	菜ッ津堂	1,000	10	1,000	6	16,000
7	5	2019/4/5	美乾屋	1,000	8	1,250	8	18,000
8	6	2019/4/5	玲豆ん堂	2,350	10	1,500	23	58,000
9	7	2019/4/6	菜ッ津堂	2,500	22	2,800	10	83,000
10	8	2019/4/10	胡桃本舗	1,500	32	1,500	11	64,500
11	9	2019/4/12	胡桃本舗	1,000	10	1,800	5	19,000
12	10	2019/4/16	美乾屋	1,000	5	1,500	8	17,000

③求めるセルを選択し、SUMIF 関数を入力

④引数の [範囲] に条件を含む範囲である「ショップ名」の名前を入力

⑤ [検索条件] に条件「美乾屋」が入力されたセルを選択

⑥ [合計範囲] に集計する範囲である「第 1 四半期売上」の名前を入力して数式を作成

⑦数式を必要なだけオートフィルでコピーする

　すると、ショップごとの「売上」の合計が求められ、数式を見ただけで第1四半期の売上であることがわかるようになりました。

| No. | 日付 | ショップ名 | ナッツ | | ドライフルーツ | | 売上 | | ■ショップ別売上 | |
			価格	数量	価格	数量			ショップ名	売上
1	2019/4/1	美乾屋	1,800	17	1,000	7	37,600		胡桃本舗	83,500
2	2019/4/1	桜Beans	1,000	26	1,000	19	45,000		桜Beans	45,000
3	2019/4/2	玲豆ん堂	1,500	8	2,800	22	73,600		菜ッ津堂	99,000
4	2019/4/3	菜ッ津堂	1,000	10	1,000	6	16,000		美乾屋	72,600
5	2019/4/5	美乾屋	1,000	8	1,250	8	18,000		玲豆ん堂	131,600
6	2019/4/5	玲豆ん堂	2,350	10	1,500	23	58,000			
7	2019/4/6	菜ッ津堂	2,500	22	2,800	10	83,000			
8	2019/4/10	胡桃本舗	1,500	32	1,500	11	64,500			
9	2019/4/12	胡桃本舗	1,000	10	1,800	5	19,000			
10	2019/4/16	美乾屋	1,000	5	1,500	8	17,000			

⑦

　なお、この具体例のように複数行や結合で作成した見出しではなく、1行または1列の見出しで作成した表では、一度に表の列見出しまたは行見出しの名前で作成できます。

①表の列見出しまたは行見出しを含めて範囲選択
②［数式］タブ→［定義された名前グループ］の［選択範囲から作成］ボタンをクリック
③表示された［選択範囲から名前作成］ダイアログボックスで、名前を列見出し名にするなら［上端行］、行見出し名にするなら［左端列］にチェックを入れる
④［OK］ボタンをクリック

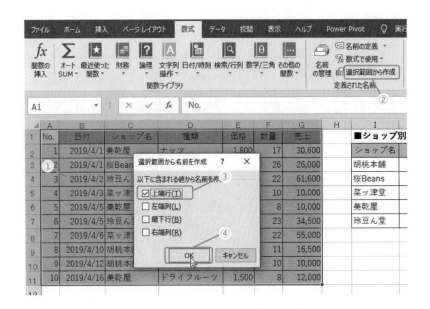

作業した名前を独自の名前に変更するなら、次のようにします。

① ［数式］タブ→［定義された名前グループ］の［名前の管理］ボタンをクリック

②表示された［名前の管理］ダイアログボックスで、変更したい名前を選択して、［編集］ボタンをクリック

③表示された［名前の編集］ダイアログボックスで、名前を変更

④ ［OK］ボタンをクリック

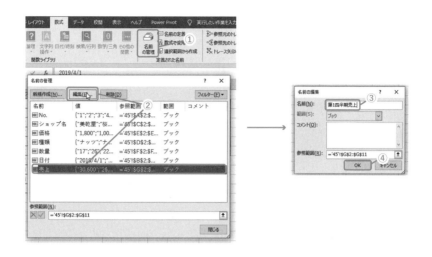

　作成した名前は直接入力しなくても、①［数式］タブの［定義された名前］グループの［数式で使用］をクリックすると表示される名前リストから選択するだけで、②数式内に挿入できます。上記のようにすべての列見出しで名前を作成しておけば、作成する数式の内容に応じて、列見出しのリストからさっと選んで数式内に挿入できるというわけです。

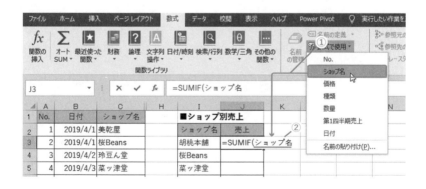

　ただし、テーブルや名前を使った数式を、集計元の表とは違うブックに求めると、集計元の変更や追加があっても反映されないので注意が必要です。

CHAPTER 5

ドラッグ操作でかんたんに
集計表を作ろう

ピボットテーブルで
項目別集計をスピードアップ

1 ピボットテーブルを使えばこんなに早い!

　第4章では、解説した条件に一致する値を集計する方法として関数を解説してきました。複数条件でも困らず求められましたが、条件ごとの集計やクロス集計をおこなうには、次のような手順が必要です。

①条件の入力
②セル範囲を絶対参照や複合参照にした関数式の作成
③関数式をコピー

　「とにかく早く条件ごとの集計値がほしい」といった場合には、少々面倒です。そのようなときは、ドラッグ操作でかんたんに集計表を作れる**ピボットテーブル**を使いましょう。大量のデータでもピボットテーブルを使うと、[ピボットテーブルのフィールド]ウィンドウに自動で表示された表のフィールド(列見出し)を、それぞれのエリアにドラッグして配置するだけで、項目別の集計表があっという間に作成できます。

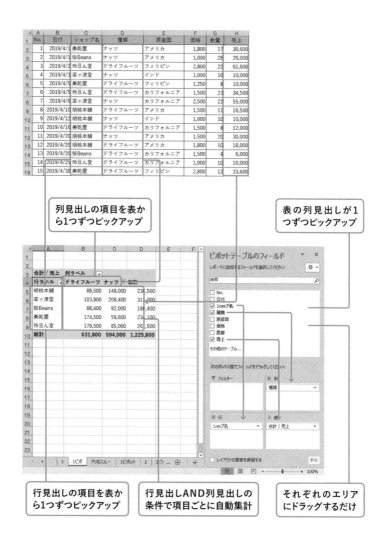

	A	B	C	D	E	F	G	H
1	No.	日付	ショップ名	種類	原産国	価格	数量	売上
2	1	2019/4/1	美乾屋	ナッツ	アメリカ	1,800	17	30,600
3	2	2019/4/1	桜Beans	ナッツ	アメリカ	1,000	26	26,000
4	3	2019/4/2	玲豆ん堂	ドライフルーツ	フィリピン	2,800	22	61,600
5	4	2019/4/3	菜ヶ津堂	ナッツ	インド	1,000	10	10,000
6	5	2019/4/5	美乾屋	ドライフルーツ	フィリピン	1,250	8	10,000
7	6	2019/4/5	玲豆ん堂	ドライフルーツ	カリフォルニア	1,500	23	34,500
8	7	2019/4/6	菜ヶ津堂	ナッツ	カリフォルニア	2,500	22	55,000
9	8	2019/4/10	胡桃本舗	ドライフルーツ	アメリカ	1,500	11	16,500
10	9	2019/4/12	胡桃本舗	ナッツ	インド	1,000	10	10,000
11	10	2019/4/16	美乾屋	ドライフルーツ	カリフォルニア	1,500	8	12,000
12	11	2019/4/20	胡桃本舗	ナッツ	アメリカ	1,500	20	30,000
13	12	2019/4/20	胡桃本舗	ドライフルーツ	アメリカ	1,800	10	18,000
14	13	2019/4/20	桜Beans	ドライフルーツ	カリフォルニア	1,500	4	6,000
15	14	2019/4/25	玲豆ん堂	ドライフルーツ	カリフォルニア	1,000	10	10,000
16	15	2019/4/30	美乾屋	ドライフルーツ	フィリピン	2,800	12	33,600

列見出しの項目を表から1つずつピックアップ

表の列見出しが1つずつピックアップ

行見出しの項目を表から1つずつピックアップ

行見出しAND列見出しの条件で項目ごとに自動集計

それぞれのエリアにドラッグするだけ

　それではかりか、［ピボットテーブルのフィールド］ウィンドウのエリアに配置したフィールドは、ほかのエリアにドラッグ操作で移動できます。そのため、通常の表とは違い、行列見出しを入れ替えた別の角度での集計表もかんたんに作成できます。

CHAPTER 5
ドラッグ操作でかんたんに
集計表を作ろう

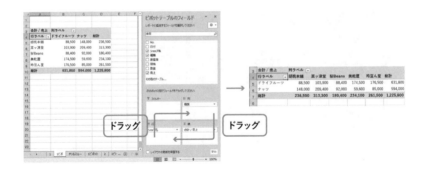

　なお、ピボットテーブルは、どんな表でも利用できるわけではありません。2章のテーブル、3章の集計、4章のデータベース関数のときと同じように、データベース用の表としてルールを守った表でなければなりません（序章2節参照）。このような表の準備できたなら、ピボットテーブルで項目別の集計表やクロス集計表を作成する手順を、具体例でくわしく見ていきましょう。

具体例1 ピボットテーブルで項目別に集計する

　売上管理表をもとに、項目別の集計表やクロス集計表をピボットテーブルで求めてみます。

No.	日付	ショップ名	種類	原産国	価格	数量	売上
1	2019/4/1	美乾屋	ナッツ	アメリカ	1,800	17	30,600
2	2019/4/1	桜Beans	ナッツ	アメリカ	1,000	26	26,000
3	2019/4/2	神豆ん堂	ドライフルーツ	フィリピン	2,800	22	61,600
4	2019/4/3	菜ッ津堂	ナッツ	インド	1,000	10	10,000
5	2019/4/5	美乾屋	ドライフルーツ	フィリピン	1,250	8	10,000
6	2019/4/5	神豆ん堂	ドライフルーツ	カリフォルニア	1,500	23	34,500
7	2019/4/6	菜ッ津堂	ナッツ	カリフォルニア	2,500	22	55,000
8	2019/4/10	胡桃本舗	ドライフルーツ	アメリカ	1,500	11	16,500
9	2019/4/12	胡桃本舗	ナッツ	インド	1,000	10	10,000
10	2019/4/16	美乾屋	ドライフルーツ	カリフォルニア	1,500	8	12,000
11	2019/4/20	胡桃本舗	ナッツ	アメリカ	1,500	20	30,000
12	2019/4/20	胡桃本舗	ドライフルーツ	アメリカ	1,800	10	18,000
13	2019/4/20	桜Beans	ドライフルーツ	カリフォルニア	1,500	4	6,000
14	2019/4/25	神豆ん堂	ドライフルーツ	カリフォルニア	1,000	10	10,000
15	2019/4/30	美乾屋	ドライフルーツ	フィリピン	2,800	12	33,600

　まず、ショップ別の「売上」の合計表を作成します。

①表内のセルを1つ選択し、[挿入] タブの [テーブル] グループの [ピボットテーブル] ボタンをクリック

②表示された [ピボットテーブルの作成] ダイアログボックスで、[テーブルまたは範囲を選択] に集計する表を列見出しを含めて範囲選択する

③ピボットテーブルをここでは、新規シートに作成するので、「新規ワークシート」を選択

④ [OK] ボタンをクリック

⑤新規シートが挿入され、[ピボットテーブルのフィールド] ウィンドウ（Excel2010 では [ピボットテーブルのフィールドリスト] ウィンドウ）が表示される

⑥ウィンドウ内の上部には、表のフィールド（列見出し）が表示される

⑦このフィールドを下部のそれぞれのエリア内にドラッグする

　これで、ピボットテーブルが作成できました。

行見出しするフィールドは「行」エリアに、列見出しにするフィールドは「列」エリアに、集計するフィールドは「値」エリアにドラッグして配置します。（Excel2010では「行ラベル」エリアと「列ラベル」エリア）

ここでは、⑧「行」エリアに「ショップ名」、⑨「値」エリアに「売上」をドラッグします。フィールド名の横のチェックボックスにチェックを入れると自動で「行」エリアにフィールドが配置されます。すると、⑩ショップ名を行見出しにした「売上」の合計表が作成できました。

「値」エリアには、文字列や日付のフィールドを配置するとデータの個数、数値のフィールドを配置すると合計の集計方法が自動で設定されるため、「売上」は合計が求められます。そのほかの集計方法で求める方法については、5-3-1で解説することにしましょう。

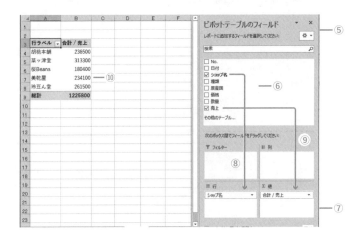

　続けて、⑪「列」エリアに「種類」をドラッグすると、⑫ショップ別種類別のクロス集計表が作成できます。

関数で求める場合と違い、ドラッグするだけであっという間に作成できました。

フィールドの入れ替えはドラッグ操作だけでできる

では、「行」エリアの「ショップ名」を「列」エリアに、「列」エリアの「種類」を「行」エリアにドラッグして入れ替えてみます。

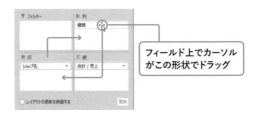

あっという間に、集計表の行列見出しが入れ替えられました。関数のように行列見出しを入力し直す必要はありません。

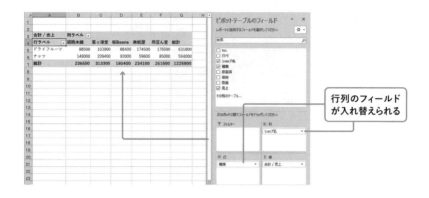

行列のフィールド
が入れ替えられる

　さらに、［ピボットテーブルのフィールド］ウィンドウのそれぞれエリアには複数のフィールドを配置できるので、以下のように、階層表示の集計表もあっという間に作成できます。

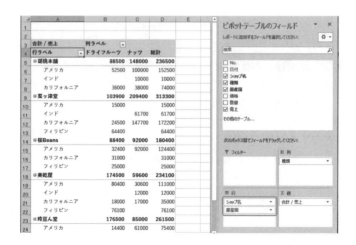

　こうして複数配置したフィールドは、同じエリア内で上や下へドラッグするだけで、フィールドの位置を入れ替えて、別の形の集計表を作成できます。

また、ピボットテーブルで作成した集計値は、ダブルクリックすると、集計元の明細の一覧を別シートに作成できます。この機能は**ドリルスルー**といいます。知りたい項目の集計値がどのような明細なのか知りたいときは、作成した集計値をダブルクリックしてみましょう。

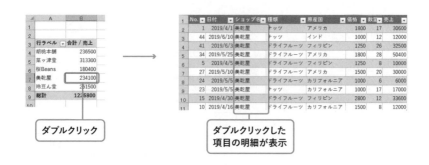

ダブルクリック

ダブルクリックした
項目の明細が表示

　なお、**1つの表からはピボットテーブルを複数作成できます。** 作成したいピボットテーブルの数だけ、上記の手順で作成することで可能です。ただし、同じ表から作成した場合、1つのピボットテーブルで第6章のようにグループ化すると、ほかのすべてのピボットテーブルも同じようにグループ化されてしまうので注意が必要です。

　作成したピボットテーブルのフィールドを削除してやり直すには、①それぞれのエリアから削除したいフィールドを［ピボットテーブルのフィールド］ウィンドウの外へドラッグするか、②フィールドのチェックを外します。

　なお、フィールドを1つずつではなく一度に削除してやり直すには、ピボットテーブルの作成と同時に自動で追加される［ピボットテーブル］ツール（5-2節参照）の［分析］タブ（Excel2010では［オプション］タブ）→［アクション］グループ→［クリア］→［すべてクリア］を選択しましょう。

ピボットテーブルを
希望の形に変更しよう

　ドラッグ操作でスピーディーに集計表を作成できるピボットテーブルですが、このままでは以下のような問題があります。

　見出しの名前が「行ラベル」や「列ラベル」でわかりづらい
　希望のレイアウトではない
　アイテムや数値がほしい順番ではない
　集計値に表示形式が付いていない
　複数の見出しを配置したら、不要なのに小計が表示される
　元のデータの変更や追加が反映されない
　スタイルが資料として提出するにはイマイチ

　この節では、ピボットテーブルを操作する［ピボットテーブル］ツールを活用して、希望の体裁の集計表になるように変更していきます。

　［ピボットテーブル］ツールは、ピボットテーブルの作成と同時に自動で追加されるツールです。ツールには、［分析］タブ（Excel2010では［オプション］タブ）と［デザイン］タブの2つのタブが表示されます。それぞれのボタンで、ピボットテールのデータやデザインを編集できます。

　［ピボットテーブル］グループ→［オプション］ボタン：［ピボットテーブルオプション］ダイアログボックスで、ピボットテーブル全体のオプションの設定ができる
　［アクティブなフィールド］グループ→［フィールドの設定］ボタン：ダイアログボックスを使って選択したフィールドの詳細設定がおこなえる

おもにピボットテー
ブルのデータの編
集をおこなうための
ボタン

ピボットテーブルの
デザインを編集す
るためのボタン

1 ピボットテーブルのフィールド名やレイアウトを変更しよう

　まず、フィールド名（見出しの名前）は直接入力して修正が可能です。
そのため、1つずつ希望の名前に変更できます。しかし、「一度に表の見
出しと同じにしたい」「フィールドを入れ替えても常に表の見出しにし
たい」という場合は、規定のレイアウトを変更することで可能になります。

　既定のレイアウトは「コンパクト形式」です。このレイアウトを変更
するには、［ピボットテーブル］ツールの［分析］タブ→［レイアウト］
グループ→①［レポートのレイアウト］ボタンから、②［アウトライン
形式で表示］か［表形式で表示］を選択します。どちらかを選択するこ
とで、すべてのフィールド名を表の見出しと同じに変更できます。

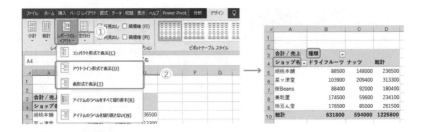

　ただし、複数のフィールドで作成した階層表示のピボットテーブルを
「アウトライン形式」か「表形式」のレイアウトに変更すると、初期設
定の「コンパクト形式」で1列に表示されていた行見出しが、フィール
ドごとの列で表示されます。

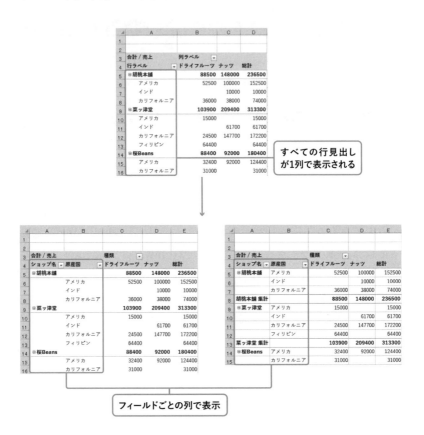

レイアウトをフィールドごとの列にしたい場合は、一石二鳥で問題ありません。しかし、すべての見出しを1列で表示したまま、つまり、初期設定の「コンパクト形式」にしたまま、フィールド名を表の見出しと同じ名前にしたいなら、直接入力して変更しましょう。

　なお、直接入力すると、フィールドを入れ替えてもそのまま名前が残ってしまうため、フィールドを入れ替えるたび、名前は変更しなければならないので注意が必要です。

　また、階層表示で別の階層を別の列に表示するには、じつは **[フィールドの設定] ダイアログボックスを使えば、「コンパクト形式」でも可能です**。これを使えば、3階層以上のピボットテーブルを、「1列目に2階層、2列目に1階層」や「1列目に1階層、2列目に2階層」というレイアウトにできます。

　たとえば、以下の「コンパクト形式」の3階層のピボットテーブルで、下階層のフィールド「原産国」だけ別の列に表示したい場合は、次のようにします。

① 1つ上の階層のフィールド「種類」のアイテムを1つ選択
② [分析] タブ→ [アクティブなフィールド] グループ→ [フィールドの設定] ボタンをクリックして、[フィールドの設定] ダイアログボックス表示させる
③ [レイアウトと印刷] タブの [隣のフィールドのラベルを同じ列内に

表示する（コンパクト形式）］のチェックを外す

④ ［OK］ボタンをクリックする

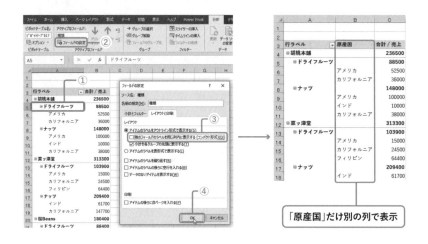

「原産国」だけ別の列で表示

　これとは反対に、階層ごとの列で表示される「アウトライン形式」や「表
形式」のレイアウトでは、手順③の ［隣のフィールドのラベルを同じ列
内に表示する（コンパクト形式）］のチェックが最初から外れています。
チェックを入れることで、「アウトライン形式」や「表形式」でも、特
定の階層だけを同じ列内に表示できます。つまり、3階層なら1階層だけ
別の列に表示できるというわけです。

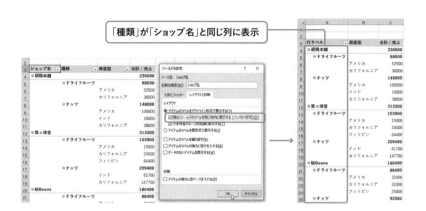

「種類」が「ショップ名」と同じ列に表示

　さらに、階層表示の集計表のそれぞれのフィールドは、折りたたんだり、展開したりして、必要な情報だけの集計表にできます。

　たとえば、以下のピボットテーブルで上階層の「ショップ名」だけの集計表にするなら、①「ショップ名」のアイテムを1つ選択して、②［分析］タブ→［アクティブなフィールド］グループ→［フィールドの折りたたみ］ボタン（Excel2010では［フィールド全体の折りたたみ］ボタン）をクリックします。②再び展開するには、［フィールドの展開］ボタンをクリックしましょう。

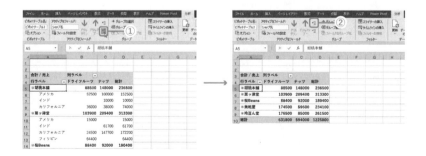

2 アイテムや集計値の並びを変更しよう

　ここまでで、全体のレイアウトやフィールド名が希望の形に変更できました。次はアイテムや集計値の並びを変更しましょう。

アイテムの並びを変更する

　アイテムの並びは、自動で文字コードの昇順で並べ替えられます。必要なときは、通常の並べ替えと同じようにアイテムを1つ選択し、［データ］タブの［並べ替えとフィルター］グループの［昇順］や［降順］ボタンをクリックして並べ替えられます。1つずつ希望の位置に移動するには、移動したい項目のセルの境目にカーソルを合わせ、移動先のセルの上境目までドラッグするだけです。

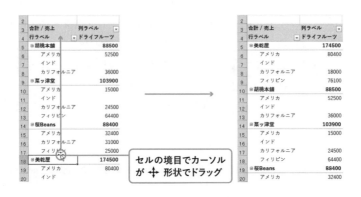

セルの境目でカーソルが ✛ 形状でドラッグ

　独自の順番で並べ替えるには、通常の並べ替えと同じように、まずユーザー設定リストに登録します。［ファイル］タブ→［オプション］の［Excelのオプション］ダイアログボックス→①［詳細設定］にある②［ユーザー設定リストの編集］ボタンをクリックします。③並べ替える順番で項目を入力したら、④［追加］ボタンをクリックして、⑤［OK］ボタンをクリックします。そして、⑥［データ］タブの［並べ替えとフィルター］グループの［昇順］をクリックすると、並べ替えられます。

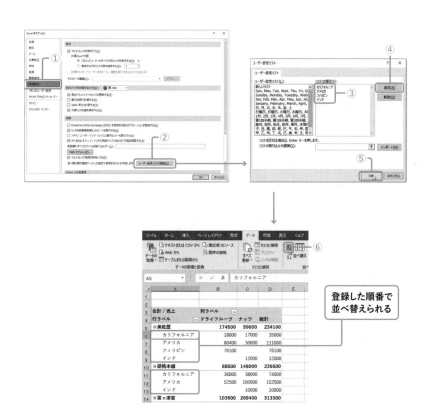

このように、あらかじめユーザー設定リストに登録してから、［ピボットテーブルのフィールド］ウィンドウのエリアにフィールドを配置すると、登録した並びでピボットテーブルが作成されます。

集計値の並びを変更する

集計値の並びは、アイテムのようにドラッグできません。通常の並べ替えと同じように、［データ］タブの［並べ替えとフィルター］グループの［昇順］や［降順］ボタンをクリックして並べ替えます。ただし、階層表示の集計表で階層ごとに並べ替えるには、それぞれの階層の数値を選択して、［昇順］や［降順］ボタンをクリックしなければなりません。

たとえば、以下のピボットテーブルの総計について、ショップごとの

売上を降順、同じショップ内では原産国ごとの売上を降順で並べ替える
なら、以下の順番で並べ替えます。

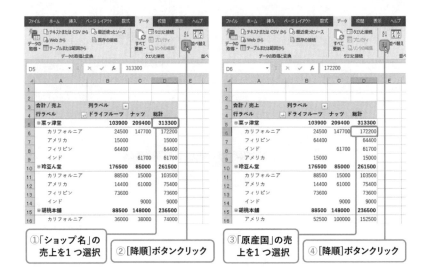

どこのショップが何を多く売り上げているか、わかりやすくなりました。

しかし、こうして並べ替えをばっちりおこなっても、複数のフィール
ドで構成された階層表示の集計表のアイテムはズラリと並んでいて、ま
だまだ読み取りにくいです。そんなときは、アイテムごとに空白行を挿
入して、集計値が読み取りやすくできます。

アイテムを1つ選択して、[デザイン] タブ→ [レイアウト] グルー
プ→ [空白行] ボタンから、① [各アイテムの後ろに空行を入れる]
（Excel2010 ／ 2013では [アイテムの後ろに空行を入れる]）選択すると、
アイテムの後ろに空白行が挿入できます。

ただし、3階層以上のピボットテーブルでは、すべてのフィールドご
とに空白行が挿入されてしまいます。**特定のフィールドだけに空白行を
挿入するには、[フィールドの設定]ダイアログボックスを使いましょう。**

　たとえば、以下の3階層のピボットテーブルで上階層の「ショップ名」
のアイテムだけ、アイテムの後ろに空白行を挿入したいなら、① 「ショッ
プ名」のアイテムを1つ選択し、[フィールドの設定] ボタンをクリック
して [フィールドの設定] ダイアログボックスを表示させます。② [小
計とフィルター] タブの [アイテムのラベルの後ろに空行を入れる] に
チェック入れて、③ [OK] ボタンをクリックします。

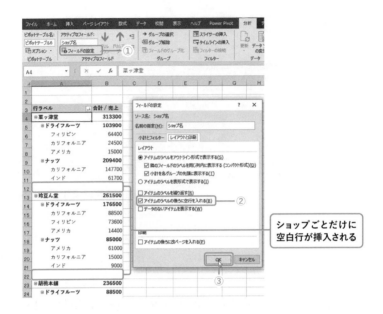

ショップごとの売上がわかる見やすい集計表が完成しました。

3 ラベル・アイテム・集計値を希望の表示に変えよう

　全体のレイアウトが整えられたなら、次はラベルやアイテムの表示を
希望どおりになるように調整しておきましょう。

字下げ処理を自動で設定する

　まず、「コンパクト形式」のレイアウトで階層表示にすると。自動で
字下げが設定されます。この字下げの文字数は、規定で1文字ですが変
更するには［ピボットテーブルオプション］ダイアログボックスで変更
できます。

①文字数を変更したいアイテムを 1 つ選択
②［分析］タブ→［ピボットテーブル］グループ→［オプション］ボタ
　ンを選択して［ピボットテーブルのオプション］ダイアログボックス

を表示させる

③ ［レイアウトと書式］タブの［コンパクト形式での行ラベルのインデ
ント］に希望の文字数を入力

④ ［OK］ボタンをクリック

もちろん、文字数を「0」にすることで字下げなしのレイアウトに変
更が可能です。

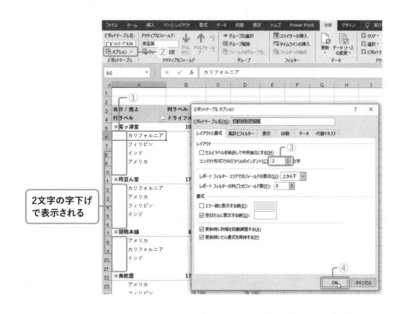

2文字の字下げ
で表示される

ラベル・アイテムの配置を変更する

この［レイアウトと書式］タブでは、「表形式」のレイアウトにした
ときの、上段にしか表示されないアイテム名を結合して中央に配置する
ように変更できます。変更したいアイテムを1つ選択して、［ピボットテー
ブルオプション］ダイアログボックスを表示させ、① ［セルとラベルを
結合して中央揃えにする］にチェックを入れて、② ［OK］ボタンをクリッ
クしましょう。

ショップ名が結合されて中央に配置される

アイテムのくり返し表示を変える

なお、上段にしか表示されないアイテムをすべての行に表示させるなら、アイテムを1つ選択して、[デザイン] タブ→ [レイアウト] グループ→ [レポートのレイアウト] ボタンから [アイテムのラベルをすべて繰り返す] を選択しましょう。

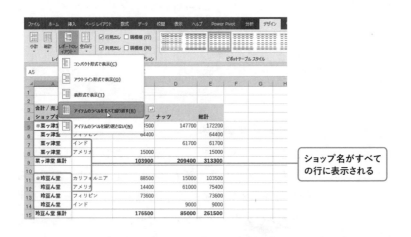

ショップ名がすべての行に表示される

ただし、上記の方法だとすべての階層ですべてのアイテムがくり返し表示されてしまい、3階層以上のピボットテーブルでは、かなりうっと

うしくなります。**3階層以上のピボットテーブルで、アイテムをくり返すのは特定の階層だけにしたいときは、[フィールドの設定] ダイアログボックスで設定しましょう。**

　下階層の「種類」のアイテムだけをくり返したいなら、①「種類」のアイテムを1つ選択し、[フィールドの設定] ボタンをクリックして[フィールドの設定] ダイアログボックスを表示させます。②[レイアウトと印刷] タブの [アイテムのラベルを繰り返す] にチェック入れて、③[OK] ボタンをクリックします。

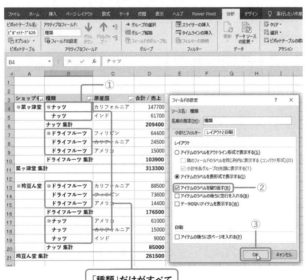

「種類」だけがすべて
の行に表示される

データがないアイテムも表示する

　また、ピボットテーブルは、表の項目を自動で1つずつピックアップして集計表を作成してくれますが、データがないアイテムは表示されません。データがなくてもすべてのアイテムを表示させたいときは、表示したいアイテムを1つ選択して、[フィールドの設定] ダイアログボックスの [レイアウトと印刷] タブで、①[データのないアイテムを表示す

CHAPTER 5
ドラッグ操作でかんたんに
集計表を作ろう

る］にチェックを入れて、②［OK］ボタンをクリックしましょう。

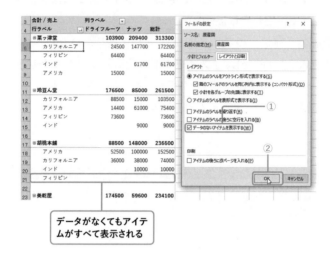

データがなくてもアイテ
ムがすべて表示される

　このように、データがないアイテムを表示させたり、クロス表で、別
のフィールドだけデータが無かったりすると、空白が表示されます。
　この空白を0で表示するなら、［ピボットテーブルオプション］ダイア
ログボックスで設定しましょう。［レイアウトと書式］タブで、①［空
白セルに表示する値］にチェックを入れ、「0」と入力して、②［OK］
ボタンをクリックします。ちなみに、エラー値を空白や別の文字にした
いなら、③［エラー値に表示する値］に文字や空白を入力します。

データがないセルには
「0」が表示される

集計値の表示形式を読み取りやすく変更する

　ラベルやアイテムの表示が希望どおりに変えられたなら、残りは集計値の表示形式です。表示形式が標準のままなので、読み取りやすくなるように、通貨記号や桁区切りスタイルを付けておきましょう。通常のように、[ホーム]タブの[通貨表示形式]ボタン、[桁区切りスタイル]ボタンでもできますが、ピボットテーブルではフィールドの入れ替えをしても、そのフィールドに適用されてしまいます。

　たとえば、「値」エリアに「売上」のフィールドを配置して通貨記号を付けると、「数量」のフィールドに入れ替えたときも通貨記号が付けられてしまいます。

　特定のフィールドだけに表示形式を付けるなら、[値フィールドの設定]ダイアログボックスから付けましょう。

①集計値を選択し、[フィールドの設定]ボタンをクリックして[値フィールドの設定]ダイアログボックスを表示させる

②[集計方法]タブの[表示形式]ボタンをクリック

③表示された[セルの書式設定]ダイアログボックスで付けたい表示形式を指定

④ ［OK］ボタンをクリック

集計値に桁区切りス
タイルが付けられる

4 小計や総計の表示を希望どおりに変更しよう

　階層表示でピボットテーブルを作成すると、自動で小計が挿入されま
す。小計は「コンパクト形式」と「アウトライン形式」のレイアウトで
は、アイテムと同じ行に表示され、「表形式」では小計行に表示されます。
この小計を非表示にしたり、グループの末尾または先頭に表示させるな
ど位置を変更したりするには、①［デザイン］タブの［レイアウト］グ
ループの［小計］ボタンからおこないます。

　たとえば、小計を非表示にするには、②［小計を表示しない］を選択

します。同じように、総計の表示を変更するには、［総計］ボタンから
おこないます（ 具体例3 参照）。

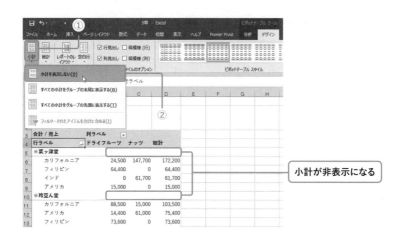

なお、［小計］ボタンで小計を非表示にすると、すべての小計が非表
示になるため、以下のようにするには、［フィールドの設定］ダイアロ
グボックスで調整が必要です。

列の小計だけを非表示にしたい
「表形式」のレイアウトでは階層ごとに小計行が表示されて、3階層
以上の集計表になると読み取りにくいから特定の階層の小計だけを非
表示にしたい

たとえば、「表形式」のレイアウトで、「ショップ名」「種類」「原産国」
の3階層の集計表の場合です。「ショップ名」「種類」のそれぞれに小計
が表示されますが、「種類」の小計だけを非表示にするには、次のよう
にします。

①「種類」のアイテムを1つ選択し、［フィールドの設定］ボタンをクリッ
　クして［フィールドの設定］ダイアログボックスを表示させる

② ［小計とフィルター］タブで［なし］を選択
③ ［OK］ボタンをクリック

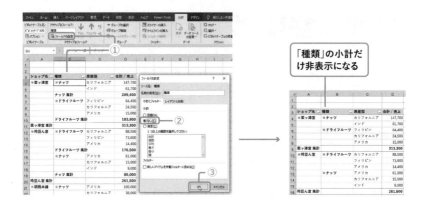

「種類」の小計だけ非表示になる

　また、最下層の小計は表示されませんが、上記の［フィールドの設定］ダイアログボックスの［小計とフィルター］タブを使うと、最下層の小計を表の下にまとめて挿入できます。この集計表の最下層「原産国」の小計を表に下にまとめて挿入するなら、以下の手順です。

① 「原産国」のアイテムを1つ選択
② ［小計とフィルター］タブで［指定］を選択し、計算の種類から挿入したい関数を選択
③ 「合計」の小計をまとめて挿入したいときは、［合計］を選択
④ ［OK］ボタンをクリック

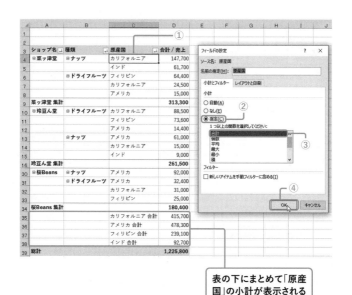

表の下にまとめて「原産国」の小計が表示される

　この計算の種類では、既定の「合計」の小計を別の計算方法に変更できます。小計を「平均」に変更するなら、①小計のアイテムを1つ選択して、［フィールドの設定］ダイアログボックスを表示させ、②［小計とフィルター］タブで［指定］を選択し、計算の種類から③［平均］を選択して、④［OK］ボタンをクリックします。

「平均」の小計に変更

また、計算の種類は複数選べるので、計算の種類から①「合計」「平均」の2つを選択して、②［OK］ボタンをクリックすると、「合計」「平均」の2行で小計を表示できます。

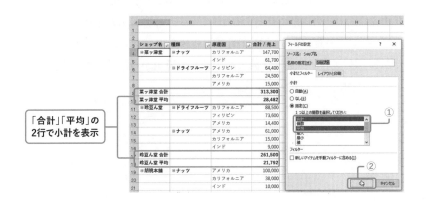

「合計」「平均」の
2行で小計を表示

5 元のデータの変更や追加が反映できるピボットテーブルにするには

表をテーブルに変換しておくと、数式のセル範囲が自動参照されましたが、ピボットテーブルも同じように、自動参照にできます。データの

追加がある表をもとにピボットテーブルを作成するなら、表をテーブルに変換しておきましょう（変換方法は序章2節参照）。

①元の表にデータを追加したら、ピボットテーブル内のセルを選択
② ［分析］タブの［データ］グループの［更新］ボタンをクリックするだけで、ピボットテーブルに自動で反映される

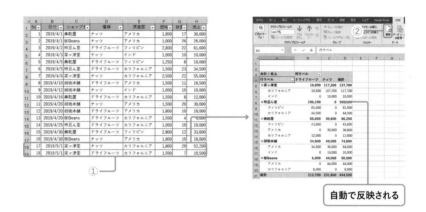

自動で反映される

　［更新］ボタンは、元の表のデータの変更を反映させるボタンです。つまり、元の表をテーブルに変換しておけば、追加と変更を同時に反映できるので、一石二鳥です。

　ただ、ピボットテーブルでは列幅が自動で調整されるように設定されています。そのため、［更新］ボタンをクリックすると、作成後に変更した列幅が、自動で作成直後の列幅に調整されてしまいます。自動で調整されないようにするには、［ピボットテーブルオプション］ダイアログボックスの［レイアウトと書式］タブで、①［更新時に列幅を自動調整する］のチェックを外して、②［OK］ボタンをクリックしておきましょう。

CHAPTER 5
ドラッグ操作でかんたんに
集計表を作ろう

6 ピボットテーブルの既定のレイアウトやスタイルをなんとかしたいときは

　ここまでの解説で、できるだけ希望のレイアウトに近付けられたら、あとは、ピボットテーブルの色や罫線などのスタイルも変えてみましょう。そのまま資料として提出するにはイマイチといった場合は、イメージに合うように変更できます。

　ピボットテーブルのスタイルは、規定で「(淡色) 16」が付けられます。変更するには、ピボットテーブル内のセルを1つ選択して、① [デザイン] タブの [ピボットテーブルスタイル] グループの [その他] ボタンをクリックして表示されるスタイル一覧から、②付けたいスタイルを選びましょう。指定したスタイルには、[デザイン] タブの [ピボットテーブルスタイルのオプション] グループで③ [縞模様 (行)] にチェックを入れると横罫線、[縞模様 (列)] にチェックを入れると縦罫線が付けられます。

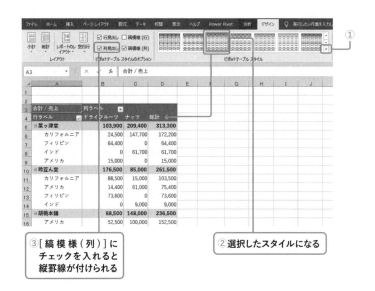

③［縞模様（列）］に
チェックを入れると
縦罫線が付けられる

②選択したスタイルになる

　なお、スタイル一覧下の［新しいピボットテーブルスタイル］を選択
して表示される［新しいピボットテーブルスタイル］ダイアログボック
スでは、独自のデザインを設定して、ピボットテーブルのスタイルとし
て登録できます。［このドキュメントの既定のピボットテーブルスタイ
ルに設定する］にチェックを入れておけば、登録したスタイルを作成時
の既定のスタイルとして設定できます。

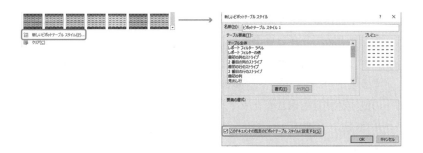

CHAPTER 5
ドラッグ操作でかんたんに
集計表を作ろう

　さて、ここまでで、ピボットテーブルのレイアウトや書式を希望の形の集計表になるように、［ピボットテーブルツール］を使って変更してきました。Excel2019では、変更した独自のピボットテーブルを、インポートするだけで既定のレイアウトとして設定できるようになりました。

　操作はかんたんで、以下のような手順です。

① ［ファイル］タブ→［オプション］→［データ］
② ［既定のレイアウトの編集］ボタンをクリック
③表示される［既定のレイアウトの編集］ダイアログボックスで、［レイアウトのインポート］のボックスに独自に作成したスタイルのピボットテーブルのセルを選択
④ ［インポート］ボタンをクリック

　また、ここまでで、既定のレイアウトの変更は、［ピボットテーブルツール］の［デザイン］タブ→［レイアウト］グループにある4つのボタン（［小計］、［総計］、［レポートのレイアウト］、［空白行］ボタン）を使っておこないました。しかし、［既定のレイアウトの編集］ダイアログボックスでは、既定のレイアウトの設定をまとめて変更できます。

　さらに、⑤ ［ピボットテーブルオプション］ボタンをクリックすると、［ピボットテーブルのオプション］ダイアログボックスの既定の変更もおこなえます。たとえば、203ページでは空白セルに「0」が表示されるように設定を変更しましたが、ここで規定として設定しておけば、ピボットテーブル作成時に自動で空白に「0」が表示されるわけです。

　Exce2019で、いつも決まったレイアウトで作成したいなら、

既定のレイアウトの設定を変更しておきましょう。

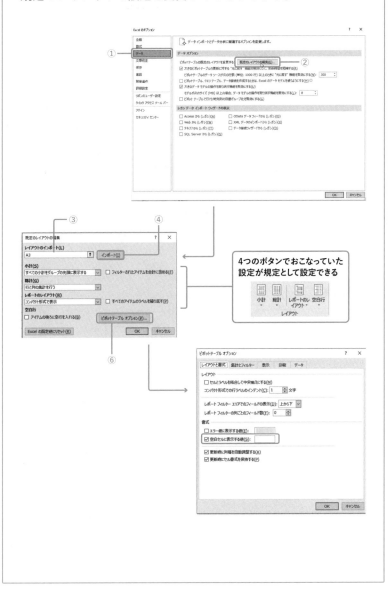

4つのボタンでおこなっていた
設定が規定として設定できる

7 ピボットテーブルの集計値をリンクさせる

　必要な集計表を作成するのに、ピボットテーブルのレイアウトを変更して形を整えていくのではなく、あらかじめ作成した表に集計値を求める場合は、どうしたらよいでしょうか。理想的な方法は、項目別の集計表をピボットテーブルでさくっと作成して、その集計値を独自の作成した表にパッと貼り付ける方法です。これには、コピー＆ペーストしか方法はありませんが、データの変更や追加が反映されません。

　この場合は、**ピボットテーブルの集計値をリンクさせましょう**。集計値を求めたいセルに「=」と入力して、リンクしたいピボットテーブルのデータを選択して Enter で確定します。すると、セルには、GETPIVOTDATA関数を使った数式で集計値が取り出されます。

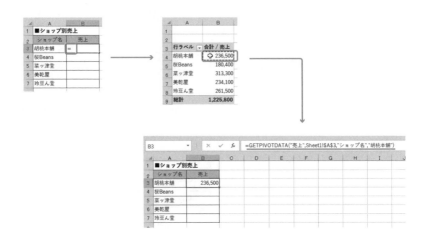

　GETPIVOTDATA関数は、ピボットテーブルに格納されている集計値を取得する関数です。書式は次のとおりです。

　　=GETPIVOTDATA(データフィールド,ピボットテーブル[,フィールド1,アイテム1]…[,フィールド126,アイテム126])

引数の［ピボットテーブル］から、指定した［フィールド］と［ア
イテム］の［データフィールド］のデータを取り出します。そのため、
GETPIVOTDATA関数で取り出した集計値は、ピボットテーブルのレ
イアウトを変更しても変更されません。さらに、元の表のデータを変更
しても、ピボットテーブルで［更新］ボタン（209ページ参照）をクリッ
クするだけで、取り出した集計値も同時に変更できます。

　「=GETPIVOTDATA("売上",Sheet1!$A$3,"ショップ名","胡桃本舗")」
の数式では、「Sheet1」のA3セルのピボットテーブルから「ショップ名」
が「胡桃本舗」の「売上」を取り出します。この数式内に自動で指定さ
れる引数の［アイテム］を、表の項目が入力されたセル番地に変更する
ことで、4-3節のように、オートフィルで数式をコピーして、ショップ
ごとに集計値をリンクさせられます。

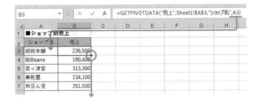

ピボットテーブルを必要な集計内容に変更しよう

1 集計値を必要な内容に変更しよう

　ピボットテーブルの集計値は、[値フィールドの設定]ダイアログボックスを使うと、別の集計方法や計算の種類に変更できます。**具体例1** で作成したピボットテーブルの集計方法は、数値のフィールドを「値エリア」に配置したため、自動で合計になりました。

　別の集計方法に変更するには、①集計値を選択して[フィールドの設定]ボタンをクリックすると表示される[値フィールドの設定]ダイアログボックスを使えば、[集計方法]タブで変更したい集計方法を選ぶだけでできます。たとえば、②平均を選択して、③[OK]ボタンをクリックすると、平均の集計表に変更できます。

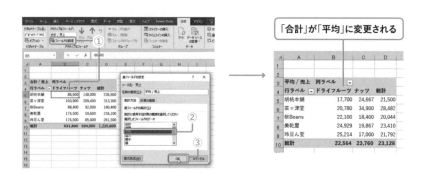

　作成ばかりか、集計方法の変更もあっという間です。

　なお、集計方法の変更は、集計値を右クリックして表示されるメニュー

から［値の集計方法］を選択して表示されるメニューから、変更したい集計方法を選ぶことでも可能です。

　また、［ピボットテーブルのフィールド］ウィンドウの「値」エリアには、「行」エリアや「列」エリアと同じように複数のフィールドを配置できます。たとえば、「売上」と「数量」の2つのフィールドを「値」エリアに配置すると、「売上」と「数量」の集計表を作成できます。

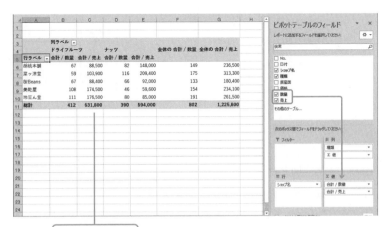

「売上」「数量」の両
方の集計表が完成

　さらに、上記の「売上」「数量」のように別のフィールドではなく、「売上」の「合計」「平均」などのように、同じフィールドで違う集計方法の集計表にするには、同じフィールドを集計方法の数だけ、［ピボットテーブルのフィールド］ウィンドウの「値」エリアにドラッグして配置し、集計方法をそれぞれに選択します。

　たとえば、「売上」の「合計」「平均」の集計表にするには、①「値」エリアに「売上」を2回ドラッグして配置します。平均にしたいフィールドの集計値を選択して、②［値フィールドの設定］ダイアログボックスを表示させたら、③［名前の指定］にフィールドの名前「平均」を入力、［集計方法］タブで④平均を選択して、⑤［OK］ボタンをクリックします。

合計のフィールド名も合わせて「合計」と変更するなら、直接入力して変更しておきましょう。

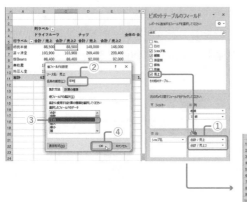

「売上」の「合計」「平均」の集計表が完成

　このように、同じフィールドを複数の集計方法にして集計表を作成する方法は、違う計算の種類でも方法は同じです。

　たとえば、「売上」に「累計」の列を追加したい場合は、①「値」エリアに「売上」を2回ドラッグして配置したら、②累計にするフィールドの集計値を選択して、［値フィールドの設定］ダイアログボックスを表示させます。③［名前の指定］に「累計」と入力、［計算の種類］タブで［計算の種類］から④［累計］を選択して、⑤［OK］ボタンをクリックすると、「合計」をもとに「累計」の列を追加した集計表が作成できます。

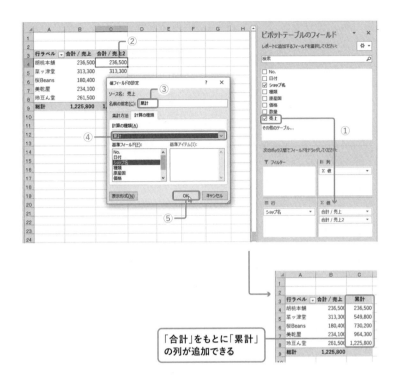

「合計」をもとに「累計」
の列が追加できる

　この［計算の種類］タブでは、ほかにもさまざまな計算の種類に変更
できます。特に比率への変更は、複雑な比率でもあっという間にできる
ので、覚えておきましょう。

　「値」エリアに、2個以上のフィールドを配置すると、「列」エ
リアに自動で「Σ値」フィールドが追加されます。「Σ値」フィー
ルドを使うと、集計値のレイアウトを変更できます。
　では、ためしてみましょう。前ページで作成した「売上」の「合
計」「平均」の集計表で、自動で作成された「列」エリアの「Σ値」

を「行」エリアの「ショップ名」の下にドラッグしてみます。

　横並びの「売上」「平均」が、縦並びで作成された集計表に変更できました。

2 集計値をもとに計算したフィールドを追加しよう

ピボットテーブルは、表から項目別の集計表を作成できるだけではありません。**集計フィールド**を使って、集計値をもとに計算した結果の表を作成したり、作成した集計フィールドを追加できます。

集計フィールドは、[集計フィールドの挿入] ダイアログボックスを使って挿入できます。**[名前] に「売上（税込）」、[数式] に「=INT(売上*1.08)」と入力して作成すると、「売上(税込)」のフィールド名で「=INT(売上*1.08)」の数式結果の列をピボットテーブルに挿入できます。**

それでは、集計フィールドを使うとどのような集計表が作成できるのか、具体例でその手順をくわしく見ていきましょう。

具体例2 売上を税込の金額にしたクロス表を作成する

具体例1 では、[ピボットテーブルのフィールド] ウィンドウの「値」エリアに「売上」を配置したショップごとの種類別クロス表を作成しました。この「売上」に「1.08」をかけ算した計算結果の「売上（税込）」でクロス表を作成してみます。

CHAPTER 5
ドラッグ操作でかんたんに
集計表を作ろう

1-2節では、形式を選択して貼り付けという貼り付け機能で、表に「1.08」をかけ算して貼り付けて作成しましたが、ピボットテーブルでは利用できません。ピボットテーブルでは、「値」エリアに何も配置せずに集計フィールドで作成します。

① ［ピボットテーブルのフィールド］ウィンドウの「行」エリアに「ショップ名」、「列」エリアに「種類」をドラッグして配置してピボットテーブルを作成
② ピボットテーブル内のセルを選択し、［分析］タブ→［計算方法］グループ→［フィールド／アイテムセット］→［集計フィールド］を選択

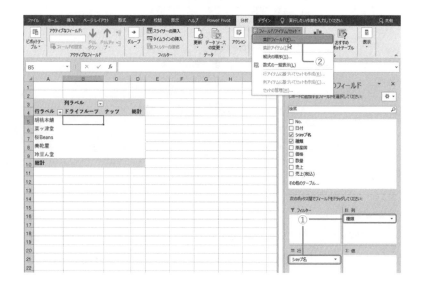

③ 表示された［集計フィールドの挿入］ダイアログボックスで、［名前］に「売上（税込）」と入力
④ ［数式］には「=INT(売上 *1.08)」と入力（数式で使うフィールドは、
　 ⑤ ［フィールドの挿入］ボタンのクリックで挿入）
⑥ ［OK］ボタンをクリック

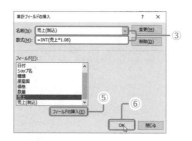

　⑦「売上（税込）」のフィールドが「値」エリアに追加されて、「売上（税込）」のクロス表が作成できます。⑧作成した集計フィールド「売上（税込）」は、［ピボットテーブルのフィールド］ウィンドウのフィールド一覧に追加されます。

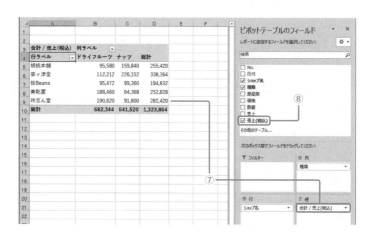

　さらに、①「売上」を「値」エリアの「売上（税込）」の上か下にドラッグして配置すると、「売上」と「売上（税込）」を並べたクロス表が作成できます。

　なお、最初から「売上」と「売上（税込）」を並べた集計表が必要なときは、手順①で「値」エリアにあらかじめ「売上」をドラッグして配置してから②〜⑥の手順をおこなうだけでできます。

　こうして追加した集計フィールドは「値」エリアにしか配置できませんが、ほかのフィールドを追加したり、配置を変更したりすることで、さまざまな形で追加した集計フィールドを使った集計表を作成できます。

ただし、追加した集計フィールドは「値」エリアから削除しても残り
ます。削除するには、手順③で［集計フィールドの挿入］ダイアログボッ
クスを表示させたなら、①［名前］から作成した集計フィールドを選択し、
②［削除］ボタンをクリックして、③［OK］ボタンをクリックしましょう。

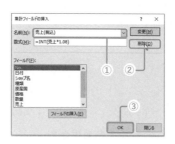

3　アイテムを使った集計行を追加しよう

　ピボットテーブルは、配置したフィールドのアイテムを使って計算し
た行を追加することもできます。通常の表では行を挿入して数式を入力
して作成しますが、ピボットテーブルに行は挿入できません。そこで利
用できるのが集計アイテムです。

　集計アイテムは、［集計アイテムの挿入］ダイアログボックスを使っ
て挿入できます。**［名前］に「ドライフルーツ計」、［数式］に「=SUM(ブ
ルーベリー,マンゴー,レーズン)」と入力して作成すると、「ドライフルー
ツ計」のアイテム名で「=SUM(ブルーベリー,マンゴー,レーズン)」の
数式結果の行をピボットテーブルに挿入できます。**

それでは、集計アイテムを使うと、どのような集計表が作成できるの
か、具体例でその手順をくわしく見ていきましょう。

具体例3 アイテムを集計した行を追加する

　商品別売上数のピボットテーブルの商品名の下に、以下の2つの集計
行を集計アイテムで追加してみます。

ドライフルーツ計：「パイン」「ブルーベリー」「プルーン」「マンゴー」
　　　「レーズン」の5つの数量の合計
ナッツ計：「アーモンド」「カシューナッツ」「クルミ」「ピスタチオ」「マ
　　　カデミア」の5つの数量の合計

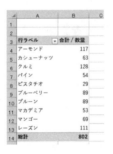

　まず、「ドライフルーツ計」を作成します。

①集計に使うアイテムを1つ選択し、［分析］タブ→［計算方法］グルー
　プ→［フィールド／アイテムセット］→［集計アイテム］を選択

②表示された[" 品名 " への集計アイテムの挿入]ダイアログボックスで、
　[名前]にアイテム名にする名前「ドライフルーツ計」を入力

③[数式]には 5 つのアイテムの合計行を作成するので、合計を求め
　る SUM 関数を使って「=SUM(パイン , ブルーベリー , プルーン , マ
　ンゴー , レーズン)」と入力

④数式で使うフィールドは［フィールドの挿入］ボタンで挿入できる

⑤アイテムは［アイテムの挿入］ボタンで挿入できる

⑥［追加］ボタンをクリックすると「ドライフルーツ計」が作成される

　「ナッツ計」は、[名前]に「ナッツ計」、[数式]に「=SUM(アーモ
ンド,カシューナッツ,クルミ,ピスタチオ,マカデミア)」と入力して、[追加]
ボタンをクリックすると作成されます。最後に⑦[OK]ボタンをクリッ
クします。

⑧アイテムの最後の行に「ドライフルーツ計」「ナッツ計」が追加されました。この場合、「総計」は不要なので、⑨［デザイン］タブ→［レイアウト］グループの［総計］ボタン→［行と列の集計をおこなわない］を選択して非表示にしておきます。

⑩こうして追加した集計アイテムは、色を着けておけば、ほかのアイテムと区別がつくようになります。読み取りやすくなるように整えておきましょう。

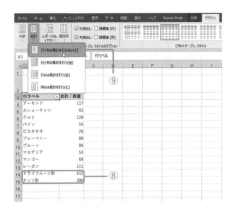

条件で抽出した集計表にしよう

1 行ラベル・列ラベル・総計値を条件で抽出した集計表にしよう

　第2章では、フィルターを使い、表そのものを条件で抽出して集計しました。このフィルターはピボットテーブルでも利用できます。項目別に集計した表を、行ラベルや列ラベルに付けられたフィルターボタン［▼］を使って条件で抽出し、必要な項目だけの集計表にできるのです。特定の項目の売れ行きがわかる集計表にしたい場合などで役に立ちます。

　フィルターボタン［▼］の使い方は、第2章のフィルターやテーブルとほぼ同じなので、くわしい使い方は2-1節を参考にしてください。

　ただ、階層表示の集計表では、抽出する条件がある階層のフィルターで抽出することになりますが、すべての階層が1列で表示される「コンパクト形式」のレイアウトでは、1つしかフィルターボタン［▼］が表示されません。この場合は、それぞれの階層のアイテムを1つ選択してからフィルターボタン［▼］を使って抽出する必要があります。

　それでは、ピボットテーブルを抽出して必要な項目だけの集計表にする手順を具体例でくわしく見ていきましょう。

具体例4 ピボットテーブルを必要な項目だけの集計表にする

　以下のピボットテーブルをフィルターで抽出して、原産国「アメリカ」「カリフォルニア」のそれぞれの期間内「2019/4/10 ～ 2019/5/10」売上トップのピボットテーブルにしてみます。

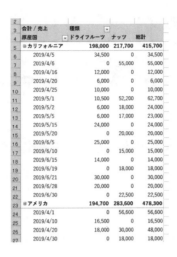

	種類		
合計 / 売上			
原産国	ドライフルーツ	ナッツ	総計
⊟カリフォルニア	198,000	217,700	415,700
2019/4/5	34,500	0	34,500
2019/4/6	0	55,000	55,000
2019/4/16	12,000	0	12,000
2019/4/20	6,000	0	6,000
2019/4/25	10,000	0	10,000
2019/5/1	10,500	52,200	62,700
2019/5/2	6,000	18,000	24,000
2019/5/5	6,000	17,000	23,000
2019/5/15	24,000	0	24,000
2019/5/20	0	20,000	20,000
2019/6/5	25,000	0	25,000
2019/6/10	0	15,000	15,000
2019/6/15	14,000	0	14,000
2019/6/19	0	18,000	18,000
2019/6/21	30,000	0	30,000
2019/6/28	20,000	0	20,000
2019/6/30	0	22,500	22,500
⊟アメリカ	194,700	283,600	478,300
2019/4/1	0	56,600	56,600
2019/4/10	16,500	0	16,500
2019/4/20	18,000	30,000	48,000
2019/4/30	0	18,000	18,000

　まずは、「原産国」を「アメリカ」「カリフォルニア」で抽出します。
①「原産国」のアイテムを1つ選択し、②フィルターボタン［▼］をクリックします。

　表示されたメニューで、③［すべて選択］のチェックを外し、④「アメリカ」「カリフォルニア」にチェックを入れて、⑤［OK］ボタンをクリックします。

次に、「日付」を「2019/4/10 ～ 2019/5/10」の期間で抽出します。⑥「日付」のアイテムを1つ選択し、⑦フィルターボタン［▼］をクリックします。

表示されたメニューから、日付を抽出するので「日付フィルター」を使います。⑧［日付フィルター］→［指定の範囲内］を選択し、表示された［日付フィルター（日付）］ダイアログボックスで、⑨期間の開始日と終了日を入力したら、⑩［OK］ボタンをクリックします。

CHAPTER 5
ドラッグ操作でかんたんに
集計表を作ろう

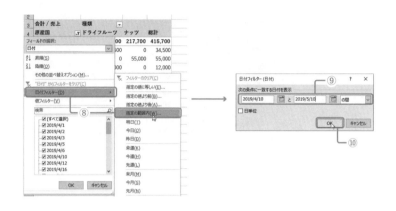

　最後に、ここまでで抽出した「アメリカ」「カリフォルニア」の「2019/4/10 〜 2019/5/10」の期間内の「売上」トップを抽出します。⑪期間内なので「日付」のアイテムを1つ選択し、⑫フィルターボタン［▼］をクリックします。

　表示されたメニューから、値を上位や下位の順位で抽出するので「値フィルター」の「トップテンフィルター」を使います。⑬［値フィルター］→［トップテン］を選択し、表示された［トップテンフィルター（日付）］ダイアログボックスで、⑭「合計／売上」「上位」「1」「項目」と指定したら、⑮［OK］ボタンをクリックします。

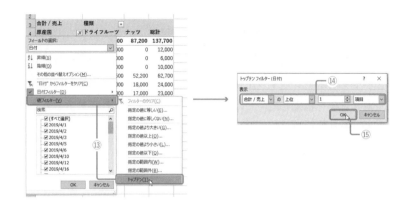

　原産国「アメリカ」「カリフォルニア」のそれぞれの期間内「2019/4/10
〜2019/5/10」売上トップのピボットテーブルの完成です。

　なお、フィルターを解除して元に戻すには、「原産国」を選択してフィ
ルターボタン［▼］をクリックしたメニューから「原産国からフィルター
をクリア」を選択すれば可能です。具体例の場合は、「原産国」「日付」
と2回操作が必要です。複数のフィルターを一度に解除して元に戻すな
ら、［分析］タブ→［アクション］グループ→［クリア］→［フィルター
のクリア］を選択しましょう。

2 集計対象のデータで抽出した集計表にしよう

　ピボットテーブルは、5-4-1のように、行ラベルや列ラベルに付けられたフィルターボタン［▼］を使って行や列単位で抽出できるだけではなく、集計対象を指定して、ピボットテーブル全体を入れ替えることができます。それを可能にするには、以下の3つの機能を使います。

レポートフィルター
スライサー
タイムライン（Excel2010 は非対応）

　たとえば、以下の原産国別種類別のピボットテーブルは全ショップ対象の集計表です。レポートフィルターやスライサーを使えば、特定のショップだけの集計表にできます。スライサーのほうが、抽出条件を一覧で表示できるので、レポートフィルターに比べてどのショップで抽出したのかをわかりやすくできます。

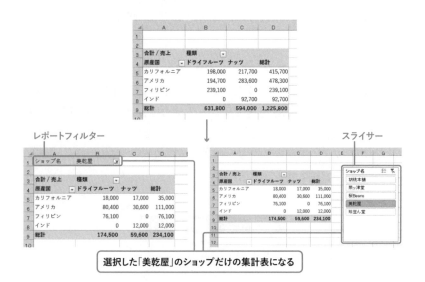

レポートフィルター

スライサー

選択した「美乾屋」のショップだけの集計表になる

234

また、ピボットテーブルは全期間対象の集計表です。タイムラインを使えば、特定の期間だけの集計表にできます。期間タイルで表示されるので、条件の日付の期間をわかりやすくできます。

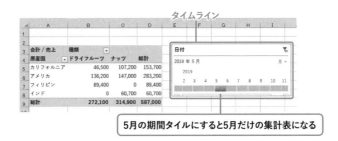

5月の期間タイルにすると5月だけの集計表になる

それでは、それぞれを効率良く使い分けるにはどうしたらいいのかも含めて、具体例で手順をくわしく見ていきましょう。

具体例5 集計対象を指定した集計表に切り替える

全ショップのデータをもとに作成された原産国別種類別のピボットテーブルを、集計対象を指定した集計表に切り替えてみます。

レポートフィルターを使う

まずは、レポートフィルターを使って、「美乾屋」のショップだけの集計表にします。レポートフィルターは、［ピボットテーブルのフィールド］ウィンドウの「フィルター」エリア（Excel2010では「レポートフィルター」エリア）にフィールドを配置することで利用できます。

①[ピボットテーブルのフィールド]ウィンドウで、「ショップ名」を「フィルター」エリアにドラッグ

②ピボットテーブルに「ショップ名」フィールドが配置される

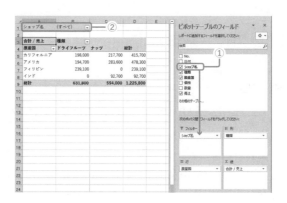

③「ショップ名」のフィルターボタン［▼］をクリック

④表示されたアイテム一覧から［美乾屋］を選択

⑤［OK］ボタンをクリック

「美乾屋」だけの集計表の完成です。

　「フィルター」エリアには、複数のフィールドを配置できます。「美乾屋」のショップの集計表をさらに、価格が「1,500以下」の集計表にします。

⑥ 「価格」を「フィルター」エリアの「ショップ名」の下にドラッグ

⑦ ピボットテーブルの「ショップ名」フィールドの下に「価格」フィールドが配置される

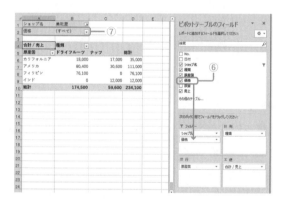

⑧ 「価格」のフィルターボタン［▼］をクリックし、表示されたメニューで手順④のように価格を選択する

⑨ 複数のアイテムを選択する場合は、［複数のアイテムを選択］にチェックを入れる

⑩ ［すべて］のチェックを外す

⑪ 「1,500」以下の価格にチェックを入れる

⑫ ［OK］ボタンをクリック

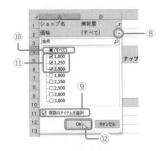

「美乾屋」の価格が「1,500以下」の集計表の完成です。

スライサーを使う

　次に、「胡桃本舗」のショップだけの集計表が必要になったときは、「フィルター」エリアの「ショップ名」のフィルターボタン［▼］から選択し直すことができます。しかし、スライサーを使えば、ショップ名の一覧から「胡桃本舗」をクリックするだけで、瞬時に「胡桃本舗」のショップだけの集計表に入れ替えられます。それぞれの項目を条件に集計表を切り替えて分析したいといった場合は、スライサーを使うと効率的です。

　では、「美乾屋」と「胡桃本舗」のショップそれぞれの集計表をスライサーで切り替えてみましょう。

① ピボットテーブル内のセルを選択し、［分析］タブの［フィルター］グループ→［スライサーの挿入］ボタン（Excel2013／2010では［スライサー］ボタン）をクリック

②表示された［スライサーの挿入］ダイアログボックスで、［ショップ名］
にチェックを入れる

③［OK］ボタンをクリック

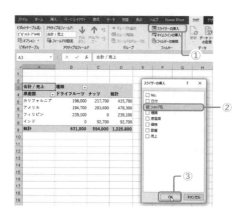

④ショップ名のアイテムが表示されたスライサーが表示されました。

⑤［美乾屋］をクリックすると、「美乾屋」だけの集計表になります。

⑥［胡桃本舗］をクリックすると、「胡桃本舗」だけの集計表になります。

　一瞬で、違うショップの集計表に切り替えられました。なお、スライサーでの抽出を解除して元に戻すには、⑦スライサー右上の［フィルターのクリア］ボタンをクリックします。

　また、スライサーでは複数のアイテムを指定できます。上記の2つのショップ両方で抽出するには、スライサー右上の①［複数選択］ボタンをクリックして、②それぞれのショップをクリックします。［複数選択］ボタンがないExcel2013／2010では、 Ctrl を押しながらクリックします。

　さらに、スライサーはレポートフィルターと同じように、複数のフィールドでも抽出できます。手順②で、［ショップ名］と［価格］にチェックを入れると、①［ショップ名］と［価格］のスライサーがそれぞれ表示できます。

　②「ショップ名」のスライサーでは「美乾屋」をクリック、③「価格」のスライサーでは、スライサー右上の［複数選択］ボタンをクリックして、④「980」〜「1,500」をクリックします。［複数選択］ボタンがないExcel2013/2010では「980」をクリックして、 Shift を押しなが

ら「1,500」をクリックします。「美乾屋」の価格が「1,500以下」の集計表になります。

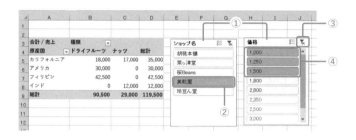

　条件はレポートフィルターと同じですが、スライサーは、集計対象の項目が一覧表示されるので、レポートフィルターとは違い、どんな条件で抽出された集計表なのかとてもわかりやすくなります。

　なお、スライサーは、「行」エリアや「列」エリアに配置したフィールドのスライサーでも利用できます。フィルターボタン［▼］を使わなくても、パレットのクリックで条件をスピーディーに抽出できるので、一石二鳥の抽出機能でもあります。

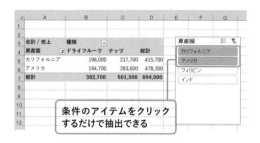

条件のアイテムをクリックするだけで抽出できる

　なお、スライサーが不要になったときは、スライサーを選択して、Delete を押すと削除できます。

タイムラインを使う

　集計対象には、日付の項目もあります。もちろん、日付もレポートフィルターやスライサーを使えば指定できますが、複数の日付だと条件がわかりづらくなります。

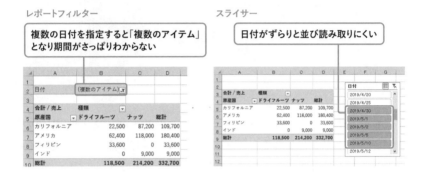

レポートフィルター

複数の日付を指定すると「複数のアイテム」となり期間がさっぱりわからない

スライサー

日付がずらりと並び読み取りにくい

　そんなときに利用できるのがタイムラインです。期間を日付のバーで表示できるので、集計期間をわかりやすく表示できます。
　では、タイムラインを使って、「日付」を指定の期間で抽出した集計表にしてみます。

① ピボットテーブル内のセルを選択し、[分析] タブ→[フィルター] グループ→[タイムラインの挿入] ボタンをクリック
② 表示された [タイムラインの挿入] ダイアログボックスで、[日付] にチェックを入れる
③ [OK] ボタンをクリック

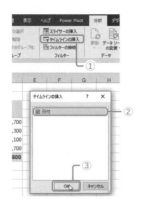

④タイムラインが表示されました。⑤期間タイルの4月をクリックすると、4月だけの集計表になり、⑥期間ハンドルを5月までドラッグすると、4月～5月だけの集計表になります。

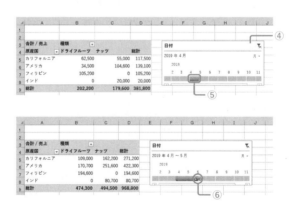

日単位で集計するには、⑦タイムライン右上のリストから［日］を選択します。⑧期間タイルを「2019/4/30 ～ 2019/5/10」までドラッグすると、「2019/4/30 ～ 2019/5/10」までの集計表になります。

　日付バーの上には期間も同時に表示されるので、とても集計期間がわかりやすいです。

　タイムラインでの抽出を解除して元に戻すには、タイムライン右上の［フィルターのクリア］ボタンをクリックし、削除するならタイムラインを選択して Delete を押しましょう。

複数のピボットテーブルで共有する

　このような**スライサーやタイムラインは、複数のピボットテーブルで共有できます**。たとえば、「ショップ名」のスライサーを使って、別のピボットテーブルも同時に抽出できるようにするには、レポートの接続をおこないます。

① 238 〜 239 ページ手順①〜④で、「ショップ名」のスライサーを表示させたら、スライサーを選択
② ［オプション］タブ→［スライサー］グループの［レポートの接続］ボタン（Excel2010 では［ピボットテーブルの接続］ボタン）をクリック

③表示された［レポートの接続（ショップ名）］ダイアログボックスで、
　２つ目のピボットテーブルの名前［ピボットテーブル２］にチェック
　を入れる

④［OK］ボタンをクリック（ピボットテーブルの名前は、作成した順
　番で番号が付けられる）

⑤「ショップ名」のスライサーから、［美乾屋］をクリックすると、両
　方のピボットテーブルが、「美乾屋」で抽出した集計表になる

「美乾屋」で抽出した
集計表になる

視点が違うそれぞれの集計表を、同じ条件で抽出して、同時に分析したいときに役立てましょう。

┃ レポートフィルターでアイテムごとにシートを分割する

　ここまでの解説だと、レポートフィルターを使うくらいなら、スライサーやタイムラインを使ったほうがスピーディーに抽出できるし、抽出条件もわかりやすいと思うかもしれません。しかし、レポートフィルターには、独自の特別な抽出機能があります。それは、レポートフィルターページの表示です。レポートフィルターに配置したフィールドのアイテムごとの集計表を、それぞれのシートに分割させられます。

　たとえば、236ページでは「フィルター」エリアに「ショップ名」のフィールドを配置しましたが、ここでレポートフィルターページの表示を使えば、ショップごとの集計表をそれぞれのシートに分割できます。ピボットテーブル内のセルを選択し、① ［分析］タブ→ ［ピボットテーブル］グループ→ ［ピボットテーブル］ボタン→ ［レポートフィルターページの表示］を選択します。

②表示された ［レポートフィルターページの表示］ ダイアログ

ボックスで、[ショップ名] を選択して、③［OK］ボタンをクリックします。

　ショップごとのシートが作成され、それぞれのショップごとの集計表が作成されました。

CHAPTER 6

グループごとの集計を
高速化するコツ

単位を指定するだけで
グループ集計する

　第5章では、ピボットテーブルで項目別の集計表を作成しましたが、ドラッグ操作であっという間に作成できるのは項目別だけでありません。関連する項目をまとめて**グループ集計**するのもスピーディにできるのです。

　グループ集計とは、たとえば、データの年齢が「23歳」「25歳」なら「20代」でグループ化して集計する、そんな集計をいいます。グループ集計には大きく分けると次の3つがあります。

　　文字列データをグループ化して集計
　　数値データをグループ化して集計
　　日付／時刻データをグループ化して集計

　この章では、それぞれのグループ集計をどのようにすればスピーディーにおこなえるのか解説していきます。

1　関連する項目をまとめてグループ集計する

　5章では、ピボットテーブルを使ってショップ別の集計表を作成しましたが、ショップ別ではなく、ショップを関東地区・関西地区のグループに分けて、地区別にどれくらいの売上があるのかがわかる集計表が必要なときもあります。それなのに、元の表には「地区」のデータはありません。

　関数を使って求めるなら、元の表に「地区」列を追加し、それを条件にSUMIF関数などを使う手順が必要です。

しかし、ピボットテーブルなら、元の表に手を加えなくても、ピボットテーブル上でグループ化するだけでできてしまうのです。ただし、**グループ化は「行」エリア、「列」エリアでしかおこなえません。「フィルター」エリアにグループ化したフィールドを配置するには、「行」エリアか「列」エリアでグループ化してから「フィルター」エリアに配置する必要があります。**

　それでは、ピボットテーブルでどのようにすれば、項目をグループ化して集計できるのか、具体例で手順を見ていきましょう。

具体例1 関連する項目をグループ集計する

　ピボットテーブルを使って作成したショップ別種類別のクロス集計表のショップ名を、以下の「地区」ごとのグループに分けて、地区別の集計表にしてみます。

　　関東：「胡桃本舗」「菜ッ津堂」「美乾屋」
　　関西：「桜Beans」「玲豆ん堂」

　まずは、「胡桃本舗」「菜ッ津堂」「美乾屋」のショップを「関東」のグループにまとめます。

①「胡桃本舗」「菜ッ津堂」「美乾屋」を Ctrl を押しながら選択
②右クリックしたメニューから［グループ化］を選択（［分析］タブ→［グループ］グループ→［グループの選択］からも選択可能）
③「胡桃本舗」「菜ッ津堂」「美乾屋」のショップが1つのグループに

まとめられる

　次に、「桜Beans」「玲豆ん堂」のショップを「関西」のグループにまとめます。

④「桜 Beans」「玲豆ん堂」を Ctrl を押しながら選択
⑤同じように、右クリックメニューから［グループ化］を選択すると、「桜Beans」「玲豆ん堂」のショップが１つのグループにまとめられる

⑥グループ名は直接入力して修正できるので、それぞれを「関東」「関西」に変更しておく
⑦**グループ化すると、新たにフィールドとして追加される。**「ショップ名」でグループ化したので「ショップ名２」というフィールド名になるため、わかりすい名前に変更しておく

⑧グループ名を1つ選択して、[分析]タブ→[アクティブなフィールド]グループ→[フィールドの設定]ボタンをクリック

⑨表示された[フィールドの設定]ダイアログボックスで、グループの名前を「地区名」に変更しておく

グループ名の横にグループごとの集計値を表示させるには、[小計とフィルター]タブで⑩[自動]を選択して、⑪[OK]ボタンをクリックします。

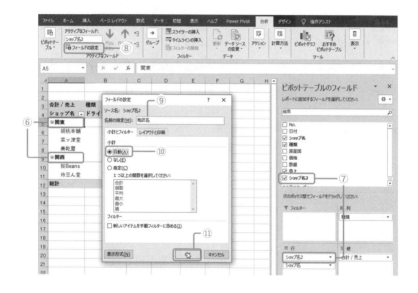

「関東」地区、「関西」地区でショップがグループ化され、地区ごとの集計値が表示された集計表が完成します。

　ショップ名を非表示にしてグループごとだけの集計表にするなら、グループ名を選択して、⑫［分析］タブ→［アクティブなフィールド］グループ→［フィールドの折りたたみ］ボタンをクリックしておきます。ショップ名が不要なら、［ピボットテーブルのフィールド］ウィンドウのエリアから⑬「ショップ名」をドラッグして削除し、グループ化で追加された「地区名」だけにしておきましょう。

　グループ化して新たに追加されたフィールドは、ほかのフィールドと同じように、ほかのエリアに自由に配置して、さまざまな集計表を作成できます。たとえば、原産国別に地域別の集計表をつくるなら、以下のようにします。

① 「列」エリアにグループ化で追加されたフィールドの「地区名」
② 「行」エリアに「原産国」
③ 「値」エリアに「売上」をドラッグする

　いろいろと集計項目を変えて、グループ別の集計表を作成しましょう。

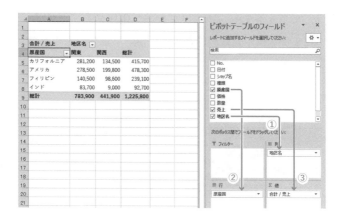

　このようにグループ化した項目を解除して元に戻すには、①グループ化した項目を選択して、右クリックしたメニューから［グループ解除］を選択します。［分析］タブ→［グループ］グループ→［グループ解除］からでもできます。これは、次からの数値データ、日付／時刻データをグループ化して解除する場合も同じなので覚えておきましょう。

2　数値データを指定の単位でまとめてグループ集計する

　「どの価格帯がどれくらい売り上げているか」「どの年代がどれくらいの利用者がいるのか」を分析するための資料が必要なときは、価格なら1,000円単位など価格帯別に、年齢なら10歳単位で年代別にグループ化した集計表が必要になります。このような数値データをグループ化した

集計表は、ピボットテーブルの［グループ化］ダイアログボックスで、グループ化する数値の先頭の値と末尾の値・単位を設定することで作成できます。

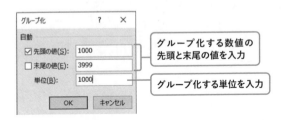

それでは、［グループ化］ダイアログボックスを使って数値をグループ化した集計表を作成する手順を具体例で見ていきましょう。

具体例2 価格をグループ集計する

ピボットテーブルを使って作成した価格別種類別の集計表の「価格」を1,000円単位でグループ化した集計表にしてみます。

まず、「価格」のセルを1つ選択し、右クリックしたメニューから［グループ化］を選択して、［グループ化］ダイアログボックスを表示させます。**ここで、複数のセルを選択して、右クリックしたメニューから［グループ化］を選択すると、** 具体例1 **の手順③のようにピボットテーブル上でグループ化されてしまうので注意が必要です。**

グループ化する先頭の値、末尾の値、単位を指定します。ここでは、

「1000～3999」までの値で1,000単位でグループ化するため、①［先頭の値］に「1000」、［末尾の値］に「3999」、［単位］に「1000」と入力して②［OK］ボタンをクリックします。ここで［単位］だけ入力すると、データの最小値が［先頭の値］に、最大値が［末尾の値］に自動で指定されます。

　価格が1,000円単位でグループ化され、価格帯ごとの種類別集計表が作成できます。

　そのほか、年代別に集計するなら、［グループ化］ダイアログボックスの［単位］は「10」にしてグループ化しましょう。

　なお、［グループ化］ダイアログボックスを使って数値をグループ化すると、「単位」を指定するため、当然、等間隔でグループ化されます。それぞれに違う単位でグループ化するには、6-1の文字列のグループ化と同じように、グループにする数値ごとに選択して、右クリックしたメニューから［グループ化］を選択します。**1つだけ選択すると［グルー**

プ化] ダイアログボックスが表示されるので、注意してください。

　たとえば、以下のようにグループ化集計するには、①それぞれに選択して②右クリックしたメニューから［グループ化］を選択して、それぞれにグループ化します。

　1つ目の価格帯は500単位
　2つ目の価格帯は1,000単位
　3つ目の価格帯は1,500単位

　あとは③それぞれのグループの名前を価格帯名にし、**具体例1** の⑧〜⑪の手順どおりに、［フィールドの設定］ダイアログボックスで、④グループ化で追加されたフィールド名を「価格帯」にして、⑤小計を表示します。

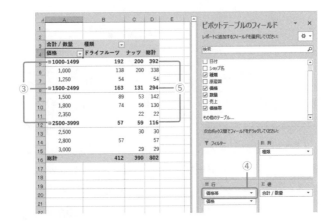

⑥価格帯だけの項目にするには、具体例1の手順⑫〜⑬のように、グループ化で追加された「価格帯」のフィールドだけにしておきましょう。

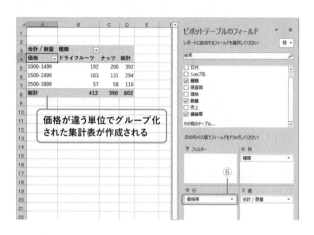

価格が違う単位でグループ化された集計表が作成される

3 日付や時刻データをグループ集計する

日付データをもとに集計表を作成するときは、日付ごとだけではなく、年ごとや月ごとの集計表が作成できれば、データの傾向をよりつかみやすくなります。日付／時刻データも、数値データと同じく、ピボットテーブルの［グループ化］ダイアログボックスを使って、日付データを「年」単位や「月」単位、時刻データを「時」単位や「分」単位などにスピーディーにグループ化して集計できます。ただし、数値データのときとは違い、以下のような［グループ化］ダイアログボックスになり、グループ化する日付や時刻の単位を詳細に設定できるようになります。

グループ化する日付や時刻の開始日（開始時刻）と最終日（最終時刻）を入力

グループ化する日付や時刻の単位を選択

グループ化する日数を入力

　Excel2019 ／ 2016では機能がアップグレードして、さらにスピーディーにグループ化をおこなえるようになりました。［ピボットテーブルのフィールド］ウィンドウの「行」エリアまたは「列」エリアに日付や日時フィールドをドラッグして配置するだけで、［グループ化］ダイアログボックスを使わなくても、複数年月日の日付データを「年」「四半期」「月」「日」に、日時データを「日」「時」「分」に自動でグループ化してくれるので、あっという間に集計表が作成できるのです。

　それでは、それぞれのバージョンで、日付データをグループ化して集計表を作成する手順を具体例でくわしく見ていきましょう。

具体例3 日付データを月ごとにグループ集計する

　まずは、4月～6月までの売上管理表をもとに、日付データをグループ化して月ごとの種類別売上集計表を作成してみます。

No	日付	ショップ名	種類	原産国	価格	数量	売上
1	2019/4/1	美乾屋	ナッツ	アメリカ	1,800	17	30,600
2	2019/4/1	桜Beans	ナッツ	アメリカ	1,000	26	26,000
3	2019/4/2	玲豆ん堂	ドライフルーツ	フィリピン	2,800	22	61,600
4	2019/4/3	菜々津堂	ナッツ	インド	1,000	10	10,000
5	2019/4/5	美乾屋	ドライフルーツ	フィリピン	1,250	8	10,000
6	2019/4/5	玲豆ん堂	ドライフルーツ	カリフォルニア	1,500	23	34,500
7	2019/4/6	菜々津堂	ナッツ	カリフォルニア	2,500	22	55,000
8	2019/4/10	胡桃本舗	ドライフルーツ	アメリカ	1,500	11	16,500
9	2019/4/12	胡桃本舗	ナッツ	インド	1,000	10	10,000
10	2019/4/16	美乾屋	ドライフルーツ	カリフォルニア	1,500	8	12,000

①［ピボットテーブルのフィールド］ウィンドウの「行」エリアに「日付」、「列」エリアに「種類」、「値」エリアに「売上」をドラッグします。②Excel2019 ／ 2016では自動で「月」「日」でグループ化され、③同時に「月」のフィールドが新たに追加されます。

「日」のフィールドは折りたたまれているだけなので、「月」のセルを1つ選択し、④［分析］タブ→［アクティブなフィールド］グループ→［フィールドの展開］ボタンをクリックすると、「月」「日」ごとにグループ集計された集計表になります。

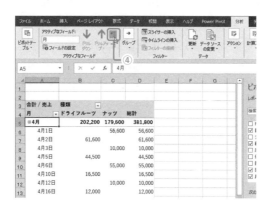

自動でグループ化された「日」を解除して「月」だけにしたり、「四半期」の単位を追加したりとグループ化する単位を変更するには、「日付」のセルを1つ選択して、右クリックしたメニューから［グループ化］を選択し、表示された［グループ化］ダイアログボックスでおこないます。⑤「単位」から「日」を選択して解除して「月」だけにして⑥［OK］ボタンをクリックすると、「月」単位だけでグループ化された月ごとの集計表が作成できます。

　Excel2013／2010では、自動で「月」「日」でグループ化されないので、［グループ化］ダイアログボックスでグループ化します。①「行」エリアに「日付」、「列」エリアに「種類」、「値」エリアに「売上」をドラッグしたら、「日付」のセルを1つ選択して［グループ化］ダイアログボックスを表示させます。②「単位」から「月」を選択して、③［OK］ボタンをクリックすると、月ごとの集計表が作成できます。

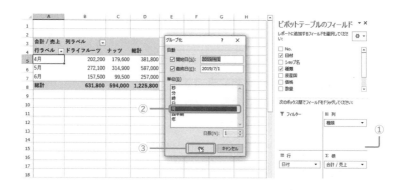

　複数年の日付データの場合、①日付フィールドを「行」エリアまたは
「列」エリアに配置すると、②Excel2019／2016では自動で「年」「四半期」
「月」でグループ化され、③「年」「四半期」のフィールドが新たに追加
されます。「四半期」「月」のフィールドは折りたたまれているだけなので、
「年」のセルを1つ選択し、④［分析］タブ→［アクティブなフィールド］
グループ→［フィールドの展開］ボタンを2回クリックすると、⑤「月」
「日」ごとにグループ集計された集計表になります。

　Excel2013／2010では、自動でグループ化されないので、「年」「四半
期」「月」でグループ化するには、［グループ化］ダイアログボックスで、
「単位」に「年」「四半期」「月」を選択してグループ化します。

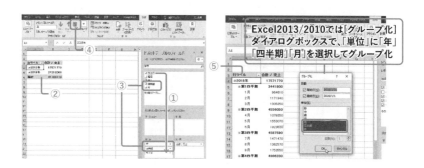

　年月のクロス表を作成する場合、日付フィールドを「行」エリアに配
置したら、［グループ化］ダイアログボックスで、①Excel2019／2016

では自動で設定された「単位」の「四半期」を選択して解除して「年」「月」だけにし、Excel2013 / 2010では「年」「月」を選択して、②［OK］ボタンをクリックします。③［ピボットテーブルのフィールド］ウィンドウの「行」エリアにグループ化で追加された「年」を「列」エリアにドラッグして移動すると完成します。

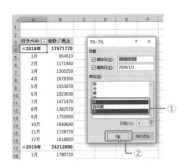

具体例4 日付データを1週間ごとにグループ集計する

次に、ピボットテーブルで作成した日別種類別集計表を、1週間（7日）ごとのグループに分けた集計表にしてみます。

まず、「日付」のセルを1つ選択し、右クリックしたメニューから［グループ化］を選択して、［グループ化］ダイアログボックスを表示させます。

①［開始日］に開始日にする1週目の最初の日付、［最終日］に最後の日付を入力します。7日ごとなので、②単位から［日］を選択、③［日数］には「7」と入力して、④［OK］ボタンをクリックします。

　複数月のデータの場合、Excel2019／2016では「月」「日」に自動でグループ化されるため、［月］を選択して解除し、［日］だけの単位にします。

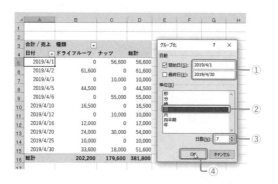

　指定した開始日と最終日で1週間（7日）ごとの種類別集計表が作成できます。

こんなグループ集計なら
関数の力を借りよう

　グループ集計もピボットテーブルを使えばあっという間でした。しかし、ピボットテーブルでは思いどおりにいかなかったり、できなかったりする場合もあります。この節では関数でグループ集計する方法も紹介します。

1　違う単位でグループ集計する

　具体例2 では、数値データを違う単位でグループ集計する解決法として、文字列データのときと同じように手動でグループ化しました。しかし、このように手動でグループ化する方法は、［グループ化］ダイアログボックスを使う方法とは違い、以下のような面倒な点があります。

　　大量のデータでもグループごとに選択してグループ化しなければならない
　　データの追加や単位の変更をおこなうときは、再グループ化しなければならない

　そんなときに覚えておくと便利なのが、**関数でグループ集計をおこなう方法**です。追加や変更があってもいちいち再グループ化する必要なんてありません。ピボットテーブルのように、項目別にいったん集計してからグループ化する単位を指定する手順ではなく、グループ化する単位の最小値と最高値を入力して、その値を条件に集計するという手順になります。

　では、どの関数を使えば、数値データを指定の単位でグループ化して集計できるのでしょうか。それは単位がヒントになります。

たとえば、1,000単位でグループ集計するなら、以下の条件が必要になります。

1,000 → 1,000 以上 AND1,999 以下（または 2,000 未満）
2,000 → 2,000 以上 AND2,999 以下（または 3,000 未満）

つまり、第4章で解説したようなAND条件を満たす値を集計できる関数を使えばいいわけです。合計ならSUMIFS関数、平均ならAVERAGEIFS関数、件数ならCOUNTIFS関数を使うと求められることになります。

それでは、関数を使って、数値データを違う単位でグループ集計する手順を具体例で見ていきましょう。

具体例5 違う価格帯別にグループ集計する

売上管理表をもとに、関数を使って、以下の違う単位の価格帯別に「価格」の売上数を求めてみます。

「1,000 〜 1,499」
「1,500 〜 2,499」
「2,500 〜 3,999」

	A	B	C	D	E	F	G	H
1	No.	日付	ショップ名	種類	原産国	価格	数量	売上
2	1	2019/4/1	美乾屋	ナッツ	アメリカ	1,800	17	30,600
3	2	2019/4/1	桜Beans	ナッツ	アメリカ	1,000	26	26,000
4	3	2019/4/2	玲豆ん堂	ドライフルーツ	フィリピン	2,800	22	61,600
5	4	2019/4/3	菜ッ津堂	ナッツ	インド	1,000	10	10,000
6	5	2019/4/5	美乾屋	ドライフルーツ	フィリピン	1,250	8	10,000
7	6	2019/4/5	玲豆ん堂	ドライフルーツ	カリフォルニア	1,500	23	34,500
8	7	2019/4/6	菜ッ津堂	ナッツ	カリフォルニア	2,500	22	55,000
9	8	2019/4/10	胡桃本舗	ドライフルーツ	アメリカ	1,500	11	16,500
10	9	2019/4/12	胡桃本舗	ナッツ	インド	1,000	10	10,000
11	10	2019/4/16	美乾屋	ドライフルーツ	カリフォルニア	1,500	8	12,000

まず、条件とする価格帯の①最小値と②最大値を入力しておきます。

価格帯			売上数
1,000	−	1,499	
1,500	−	2,499	
2,500	−	3,999	
└─①		└─②	

AND条件を満たす合計なので、1つ目の売上数を求めるセルを選択し、③SUMIFS関数を入力します。引数の④[合計対象範囲]に集計する範囲である「数量」のセル範囲を選択し絶対参照にします。条件を含む範囲、条件は条件ごとに対で以下のように指定して数式を作成します。

⑤ [条件範囲1]:「価格」が入力されたセル範囲を選択して絶対参照にする

⑥ [条件1]:価格帯の最小値が入力されたセル以上の条件「">="&J3」を入力

⑦ [条件範囲2]:「価格」が入力されたセル範囲を選択して絶対参照にする

⑧ [条件2]:価格帯の最大値が入力されたセル以下の条件「"<="&L3」を入力

数式をオートフィルでコピーするため、集計する範囲と条件を含む範囲は絶対参照にしてセル範囲を固定します。1つだけの価格帯の集計なら、数式をコピーする必要はないので。絶対参照は必要ありません。

⑨数式をオートフィルでコピーすると、入力した価格帯ごとの売上数が求められます。

✓ _fx_ =SUMIFS($G$2:$G$54,$F$2:$F$54,">="&J3,$F$2:$F$54,"<="&L3)

名	種類	原産国	価格	数量	売上	I	J	K	L	M
	ナッツ	アメリカ	1,800	17	30,600			価格帯		売上数
	ナッツ	アメリカ	1,000	26	26,000		1,000	−	1,499	392
	ドライフルーツ	フィリピン	2,800	22	61,600		1,500	−	2,499	294
	ナッツ	インド	1,000	10	10,000		2,500	−	3,999	116
	ドライフルーツ	フィリピン	1,250	8	10,000					
	ドライフルーツ	カリフォルニア	1,500	23	34,500					
	ナッツ	カリフォルニア	2,500	22	55,000					
	ドライフルーツ	アメリカ	1,500	11	16,500					
	ナッツ	インド	1,000	10	10,000					
	ドライフルーツ	カリフォルニア	1,500	8	12,000					

③ ④ ⑤ ⑥ ⑦ ⑧ ⑨

　条件の単位を直接入力するので、ピボットテーブルとは違い、どんな単位でもグループ集計をおこなうことができます。

　さらに、**具体例2**のように列見出しに項目があるクロス表に求めるには、さらに1つの条件を追加することになるので、価格帯と合わせて以下の3つのAND条件で数式を作成します。このようなクロス表の数式作成の詳細は、第4章4-3-2でくわしく解説していますので、参考にしてください。

	F	G	H	I	J	K	L	M	N
国	価格	数量	売上						種類
	1,800	17	30,600			価格帯		ドライフルーツ	ナッツ
	1,000	26	26,000		1,000	−	1,499	192	200
	2,800	22	61,600		1,500	−	2,499	163	131
	1,000	10	10,000		2,500	−	3,999	57	59
	1,250	8	10,000						

条件1　条件2　条件3

,$54,$F$2:$F$54,">="&$J3,$F$2:$F$54,"<="&$L3,$D$2:$D$54,M$2)

　このように関数を使えば、いちいちデータベース用の表に作り変えなくても、行見出しの表のままでもグループ集計がおこなえます。

　そして、この数式を覚えておけば、違う単位の期間でグループ化した

集計もおこなえます。 具体例4 では、1週間（7日）ごとにグループ集計しましたが、ピボットテーブルの［グループ化］ダイアログボックスを使うと、日数の単位を指定することになるので、それぞれに違う期間ごとにグループ集計することはできません。このような場合も。以下のように、①期間の開始日と終了日を入力して、数値データのときと同じ数式の構造で求められます。

| M2 | | ▼ | × | ✓ | fx | =SUMIFS($H$2:$H$17,$B$2:$B$17,">="&J2,$B$2:$B$17,"<="&L2) | | | | | | |

	A	B	C	D	E	F	G	H	I	J	K	L	M
1	No.	日付	ショップ名	種類	原産国	価格	数量	売上			集計期間		売上
2	1	2019/4/1	美乾屋	ナッツ	アメリカ	1,800	17	30,600		2019/4/1	－	2019/4/7	227,700
3	2	2019/4/1	桜Beans	ナッツ	アメリカ	1,000	26	26,000		2019/4/20	－	2019/4/30	115,600
4	3	2019/4/2	玲豆ん堂	ドライフルーツ	フィリピン	2,800	22	61,600	①				
5	4	2019/4/3	菜ッ津堂	ナッツ	インド	1,000	10	10,000					
6	5	2019/4/5	美乾屋	ドライフルーツ	フィリピン	1,250	8	10,000					

　もちろん、列見出しに項目があるクロス表に求める場合も数値データのときと同じ数式の構造で求められます。

| | | | =SUMIFS($H$2:$H$17,$B$2:$B$17,">="&$J3,$B$2:$B$17,"<="&$L3,$D$2:$D$17,M2) | | | | | |

D	E	F	G	H	I	J	K	L	M	N
種類	原産国	価格	数量	売上			集計期間		種類	
									ドライフルーツ	ナッツ
ツ	アメリカ	1,800	17	30,600						
ツ	アメリカ	1,000	26	26,000		2019/4/1	－	2019/4/10	122,600	121,600
イフルーツ	フィリピン	2,800	22	61,600		2019/4/20	－	2019/4/30	67,600	48,000
ツ	インド	1,000	10	10,000						

グループ集計で件数をもっと早く出すには

　ただし、グループ集計で件数を求める場合は、もっとスピーディーにグループ集計できる関数があるのです。ここまでで解説した数式は、条件を2つ指定するため少々手間が掛かりますが、数値データに限り使える関数があります。それが、**FREQUENCY関数**です。書式は次のとおりです。

　　　=FREQUENCY(データ配列,区間配列)

　引数の[データ配列]に指定したセル範囲や配列のなかで、[区間配列]に

指定した区間に含まれる個数を求めます。[区間配列]には、データの範囲の区切りとする値が入力されたセル範囲を指定することで、その値以下に含まれる個数が求められます。ただし、縦方向の配列数式で入力する必要があります。

たとえば、年齢をグループ化して年代別に人数を求める場合は、COUNTIFS関数で求められますが、FREQUENCY関数を使った方がスピーディーに求められます。

FREQUENCY関数を使って求めるには、次のようにします。

①データの範囲の区切りとする値を入力。値は必ず 1 つ上の区間より 1 小さい値で指定する

②縦方向の配列数式で求める関数なので、求めるセル範囲をすべて選択してから、FREQUENCY 関数を入力

③引数の [データ配列] に年齢データのセル範囲

④ [区間配列] に①で入力した区間のセル範囲を選択

数式を Ctrl + Shift + Enter で確定すると、あっという間に年代別に人数が求められました。

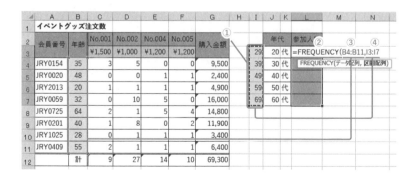

なお、最後の年代が60代ではなく、70代、80代をまとめて60代以上の人数として人数を求める場合は、①最後の区間「69」は入力せずに空白

にしておきましょう。

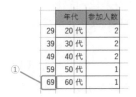

横方向ならTRANSPOSE関数に組み合わせる

　FREQUENCY関数を使った数式は、度数分布表を作成する場合に役に立つ関数です。しかし、縦方向に求める場合にしか使えないため、横方向に求める場合は、FREQUENCY関数で求めた結果をTRANSPOSE関数で行列を入れ替えて求める必要があります。TRANSPOSE関数は[配列]に指定した範囲の行と列位置を入れ替える関数で、こちらも配列数式で求める必要があります。書式は次のとおりです。

　　=TRANSPOSE(配列)

　たとえば、横方向に年代別に集計するには、求めるセル範囲をすべて選択してから、①TRANSPOSE関数を入力し、②上記手順③〜④でFREQUENCY関数の数式を入力したら、 Ctrl + Shift + Enter で確定します。

	A	B	C	D	E	F	G	H	I	J	K	L	M	N	O	P
1	イベントグッズ注文数									29	39	49	59	69		
2	会員番号	年齢	No.001	No.002	No.004	No.005	購入金額		年代	20	30	40	50	60		
3			¥1,500	¥1,000	¥1,200	¥1,200			参加人数	=TRANSPOSE(FREQUENCY(B4:B11,J1:N1))						
4	JRY0154	35	3	5	0	0	9,500			①			②			
5	JRY0020	48	0	0	1	1	2,400									
6	JRY2013	20	1	1	1	1	4,900									
7	JRY0059	32	0	10	5	0	16,000									
8	JRY0725	64	2	1	5	4	14,800									
9	JRY0201	40	1	8	0	2	11,900									
10	JRY1025	28	0	1	1	1	3,400									
11	JRY0409	55	2	1	1	1	6,400									
	計		9	27	14	10	69,300									

f_x								
	E	F	G	H	I	J	K	L	M	N
						29	39	49	59	69
02	No.004	No.005	購入金額		年代	20	30	40	50	60
00	¥1,200	¥1,200			参加人数	2	2	2	1	1
	0	0	9,500							

横方向に年代別に人数が求められる。

　こうしてFREQUENCY関数やTRANSPOSE関数を使った数式は、4-4節で解説した配列数式とは違い、複数のセルに1つの配列数式を使って求めています。そのため、配列数式を修正したいときは、どれか1つだけ数式のセルをダブルクリックで編集状態にして修正します。修正後はCtrl + Shift + Enterで確定すると、すべてのセルの配列数式に修正が反映されます。

2　ピボットテーブルでできない日付時刻データのグループ集計をおこなう

　ピボットテーブルでは、自動で「1月〜12月」を1年、「1月〜3月」を第1四半期、「1日〜月末日」を1か月として集計します。そのため、ピボットテーブルで「4月〜翌3月」までを1年とする年度で集計表を作成した

い場合は、「年」「半期」「四半期」それぞれが4月始まりになるように、日付を選択してグループ化しなければなりません。しかし、ピボットテーブルでは、一度、グループ化したフィールドをさらにグループ化することができないため、日付を月単位でグループ化してから、4月〜翌3月までを選択してグループ化しようとしてもできません。

　そのような場合は、関数で日付／時刻データをグループ集計する方法をためしてみましょう。関数でグループ集計しておけば、データが追加されても再グループ化する手間も掛かりません。そして何よりも、いちいちデータベース用の表に作り変えなくても、行見出しの表のままでもグループ集計できます。

　「月」でグループ集計するなら「月」を日付から取り出し、「時」でグループ集計するなら「時」を時刻から取り出し、その「月」や「時」を条件に集計します。このとき、日付や時刻からそれぞれの要素を取り出すには、以下の日付／時刻関数を使えば可能です。

日付から要素を取り出す関数

　YEAR 関数：「年」の数値を取り出す

　MONTH 関数：「月」の数値を取り出す

　DAY 関数：「日」の数値を取り出す

　WEEKDAY 関数：曜日を整数で取り出す

　WEEKNUM 関数：日付の年の 1/1 から第何週目かを取り出す

時刻から要素を取り出す関数

　HOUR 関数：「時」の数値を取り出す

　MINUTE 関数：「分」の数値を取り出す

　SECOND 関数：「秒」の数値を取り出す

　上記の関数の書式は、WEEKDAY関数とWEEKNUM関数以外、以下のとおりです。

　　=関数名(シリアル値)

WEEKDAY関数の書式は以下のとおりです。

=WEEKDAY(シリアル値[,種類])

引数の[種類]には、どのような整数で取り出したいかを以下の数値で
指定します。

WEEKDAY関数の[種類]

種類	戻り値
1または省略	1（日曜）～7（土曜）
2	1（月曜）～7（日曜）
3	0（月曜）～6（日曜）
11	1（月曜）～7（日曜）
12	1（火曜）～7（月曜）
13	1（水曜）～7（火曜）
14	1（木曜）～7（水曜）
15	1（金曜）～7（木曜）
16	1（土曜）～7（金曜）
17	1（日曜）～7（土曜）

WEEKNUM関数の書式は以下のとおりです。

=WEEKNUM(シリアル値[,週の基準])

引数の[週の基準]は、週の始まりを以下の数値で指定します。

WEEKDAY関数の[週の基準]

週の基準	週の始まり
1または省略	日曜日
2	月曜日
11	月曜日
12	火曜日
13	水曜日
14	木曜日
15	金曜日
16	土曜日
17	日曜日
21	月曜日

書式の引数［シリアル値］に日付や時刻を指定するだけで、それぞれの要素を取り出せます。日付や時刻を直接入力する場合は、「""」（ダブルクォーテーション）で囲んで指定する必要があります。

これらの関数で、日付や時刻から要素を取り出しておけば、SUMIF関数などでその要素を条件に集計すれば求められるというわけです。

それでは、どのようにして、上記の日付／時刻関数を使って、日付／時刻データをグループ集計できるのか、具体例でくわしく手順を見ていきましょう。

具体例6 特定の月ごとにグループ集計する

4月〜6月までの売上管理表をもとに、関数を使って、5月の売上や、5月の特定のショップの売上を求めてみます。

▲	A	B	C	D	E	F	G	H	I	J	K	L	M	N
1	No.	日付	ショップ名	種類	原産国	価格	数量	売上				■ 5月売上		
2	1	2019/4/1	美乾屋	ナッツ	アメリカ	1,800	17	30,600				新店舗		
3	2	2019/4/1	桜Beans	ナッツ	アメリカ	1,000	26	26,000				美乾屋		
4	3	2019/4/2	玲豆ん堂	ドライフルーツ	フィリピン	2,800	22	61,600						
5	4	2019/4/3	菜ッ津堂	ナッツ	インド	1,000	10	10,000						
6	5	2019/4/5	美乾屋	ドライフルーツ	フィリピン	1,250	8	10,000						
7	6	2019/4/5	玲豆ん堂	ドライフルーツ	カリフォルニア	1,500	23	34,500						
8	7	2019/4/6	菜ッ津堂	ナッツ	カリフォルニア	2,500	22	55,000						
9	8	2019/4/10	胡桃本舗	ドライフルーツ	アメリカ	1,500	11	16,500						
10	9	2019/4/12	胡桃本舗	ナッツ	インド	1,000	10	10,000						
11	10	2019/4/16	美乾屋	ドライフルーツ	カリフォルニア	1,500	8	12,000						

まずは、5月の売上合計を求めます。

①売上管理表の隣の列に、日付から「月」を取り出すので MONTH 関数を入力
②引数の [シリアル値] に日付のセルを選択して数式を作成
③数式をオートフィルでほかの行にもコピー

　手順①で入力する関数は、年でグループ集計するならYEAR関数、日でグループ集計するならDAY関数とグループ集計する要素で274ページの関数を入力します。

④求めるセルを選択し、条件に一致する値を合計するので SUMIF 関数を入力
⑤引数の [範囲] に条件を含む範囲である手順①〜③で求めたセル範囲
⑥ [検索条件] に条件「5」が入力されたセル
⑦ [合計範囲] に集計する範囲である「売上」のセル範囲を選択して数式を作成

fx =SUMIF(I2:I54,L1,H2:H54)

D	E	F	G	H	I	J	K	L	M	N
種類	原産国	価格	数量	売上				■	5 月売上	587,000
ナッツ	アメリカ	1,800	17	30,600	4				新店舗	
ナッツ	アメリカ	1,000	26	26,000	4				美乾屋	
ドライフルーツ	フィリピン	2,800	22	61,600	4					
ナッツ	インド	1,000	10	10,000	4					
ドライフルーツ	フィリピン	1,250	8	10,000	4					

　こうして、日付から取り出した「月」があれば、5月の「美乾屋」の売上といった、複数の条件でも集計できるようになります。①求めるセルを選択し、複数の条件に一致する値を合計するのでSUMIFS関数を入力します。引数の②[合計対象範囲]に集計する範囲である「売上」のセル範囲を選択します。条件を含む範囲、条件は条件ごとに対で以下のように指定して数式を作成します。

③[条件範囲1]：手順①～③で求めたセル範囲
④[条件1]：条件「5」が入力されたセル
⑤[条件範囲2]：「ショップ名」のセル範囲
⑥[条件2]：条件「美乾屋」が入力されたセル

fx =SUMIFS(H2:H54,I2:I54,L1,C2:C54,M3)

A	B	C	D	E	F	G	H	I	J	K	L	M	N
No.	日付	ショップ名	種類	原産国	価格	数量	売上				■	5 月売上	587,000
1	2019/4/1	美乾屋	ナッツ	アメリカ	1,800	17	30,600	4				新店舗	
2	2019/4/1	桜Beans	ナッツ	アメリカ	1,000	26	26,000	4				美乾屋	103,400
3	2019/4/2	玲豆ん堂	ドライフルーツ	フィリピン	2,800	22	61,600	4					
4	2019/4/3	菜ッ津堂	ナッツ	インド	1,000	10	10,000	4					
5	2019/4/5	美乾屋	ドライフルーツ	フィリピン	1,250	8	10,000	4					

　数式では、条件をセル参照にしているので、月名を「6」に変更すると、6月の集計値に変更できます。

J	K	L	M	N
■	6	月売上		257,000
		新店舗		
		美乾屋		44,500

　月別に集計するなら、①277ページ手順④〜⑦で作成した数式に絶対参照を使えば（4-3節参照）、②数式をオートフィルでコピーするだけで求められます。

| fx | =SUMIF($I$2:$I$54,K3,$H$2:$H$54) |

F	G	H		I	J	K	L	M
価格	数量	売上	①			■月別売上		
1,800	17	30,600	4			月		売上	②
1,000	26	26,000	4			4 月		381,800
2,800	22	61,600	4			5 月		587,000
1,000	10	10,000	4			6 月		257,000
1,250	8	10,000	4					

　さらに、MONTH関数に同じ日付／時刻関数のEDATE関数を組み合わせることで、「月」のグループ集計を「1日〜末日」までを1か月としてではなく、「26日〜翌25日」までを1か月とするような、締め日を指定しておこなうことができるようになります。

　締めの月は、「日付が締め日までなら当月、締め日より後なら来月」となります。つまり、**「日付から締め日を引いた日付の月が前月なら1か月後、当月なら1か月後」の日付の月が締めの月**ということになります、この1か月後の日付は、EDATE関数で求められます。

　EDATE関数は、[開始日]から指定した月数後（前）の日付を求める関数で、引数の[月]に正の数値を指定すると指定の月数後、負の数値を指定すると指定の月数前の日付が求められます。書式は次のとおりです。

　　=EDATE(開始日,月)

EDATE関数で求めた1か月後の日付からMONTH関数で「月」を取り出すことで、締め日をもとにした「月」が取り出されるのです。

　しくみがわかりやすいように、25日締めなら、最終日25日と次の26日の場合を例に挙げましょう。以下のしくみで、日付から締めの月を取り出すことができます。

=MONTH(EDATE("2019/4/25"-25,1))

「2019/3/31」から1ヶ月後「2019/4/30」

=MONTH(EDATE("2019/4/26"-25,1))

「2019/4/1」から1ヶ月後「2019/5/30」

　この数式を、月別に集計したときと同じように、①表の隣の列に作成して、②SUMIF関数で集計すると、25日締めで月別売上の合計表が作成できるというわけです。

I2	▼	:	×	✓	f_x	=MONTH(EDATE(B2-25,1))		

	A	B	C	D	E	F	G	H	I	J	K	L	M
1	No.	日付	ショップ名	種類	原産国	価格	数量	売上			■月別売上		
2	1	2019/4/1	美乾屋	ナッツ	アメリカ	1,800	17	30,600	4		月		売上
3	2	2019/4/1	桜Beans	ナッツ	アメリカ	1,000	26	26,000	4		4	月	330,200
4	3	2019/4/2	玲豆ん堂	ドライフルーツ	フィリピン	2,800	22	61,600	4		5	月	523,200
5	4	2019/4/3	菜ッ津堂	ナッツ	インド	1,000	10	10,000	4		6	月	323,900
6	5	2019/4/5	美乾屋	ドライフルーツ	フィリピン	1,250	8	10,000	4				
7	6	2019/4/5	玲豆ん堂	ドライフルーツ	カリフォルニア	1,500	23	34,500	4				
8	7	2019/4/6	菜ッ津堂	ナッツ	カリフォルニア	2,500	22	55,000	4				
9	8	2019/4/10	胡桃本舗	ドライフルーツ	インド	1,500	11	16,500	4				
10	9	2019/4/12	胡桃本舗	ナッツ	インド	1,000	10	10,000	4				
11	10	2019/4/16	美乾屋	ドライフルーツ	カリフォルニア	1,500	8	12,000	4				

具体例7　複数年月の日付データをグループ集計する

　2年間の種類別売上表をもとに、半期ごとや4月始まりの「年」「月」「半期」「四半期」でグループ集計してみます。

	A	B	C
1	計上日	種類	売上
2	2018/1/31	ナッツ	523,370
3	2018/1/31	ドライフルーツ	441,240
4	2018/2/28	ナッツ	449,580
5	2018/2/28	ドライフルーツ	722,360
6	2018/3/31	ナッツ	583,010
7	2018/3/31	ドライフルーツ	722,240
8	2018/4/30	ナッツ	584,750
9	2018/4/30	ドライフルーツ	494,600
10	2018/5/31	ナッツ	586,210

　まずは、半期ごとの集計値を求めてみます。半期でグループ集計する場合も、 具体例6 のように、元の表に「上半期」「下半期」の列を追加すればいいことになります。

　数式は、**MONTH関数で日付から取り出した「月」が「1月～6月」の場合は「上半期」、違う場合は「下半期」を求める**、つまり、A1に日付なら、**「MONTH(A2)<=6」の場合は「上半期」、違う場合は「下半期」**という条件式を作成することになります。条件式といえば、「もしも～ならば」の結果を満たすか満たさないかで処理を分けるIF関数です。

　①IF関数の引数の[論理式]にMONTH関数で条件式を作成した以下の数式を、表の隣の列に作成して、②SUMIF関数で集計すると、半期別売上の合計表が作成できるというわけです。

D2			f_x	=IF(MONTH(A2)<=6,"上半期","下半期")		

	A	B	C	D	E	F	G
1	計上日	種類	売上	①		■半期別売上	②
2	2018/1/31	ナッツ	523,370	上半期		半期	売上
3	2018/1/31	ドライフルーツ	441,240	上半期		上半期	19,435,640
4	2018/2/28	ナッツ	449,580	上半期		下半期	22,348,130
5	2018/2/28	ドライフルーツ	722,360	上半期			
6	2018/3/31	ナッツ	583,010	上半期			
7	2018/3/31	ドライフルーツ	722,240	上半期			

　なお、半期は4月始まりの場合もあります。この場合は、**MONTH関数で日付から取り出した「月」が「4以上」であり「9以下」の場合は**

「上半期」、違う場合は「下半期」を求める、つまり、A1に日付なら、「MONTH(A1)>=4」AND「MONTH(A1)<=9」の場合は「上半期」、違う場合は「下半期」という条件式を作成することになります。条件式はAND条件式なので、①IF関数の引数の[論理式]にAND関数で条件式を作成した、以下の数式を表の隣の列に作成して、②SUMIF関数で集計すると、4月始まりで半期別売上の合計表が作成できるというわけです。

	A	B	C	D	E	F	G	H	I
				D2			=IF(AND(MONTH(A2)>=4,MONTH(A2)<=9),"上半期","下半期")		
1	計上日	種類	売上	①		■半期別売上		②	
2	2018/1/31	ナッツ	523,370	下半期		半期	売上		
3	2018/1/31	ドライフルーツ	441,240	下半期	+	上半期	22,480,160		
4	2018/2/28	ナッツ	449,580	下半期		下半期	19,303,610		
5	2018/2/28	ドライフルーツ	722,360	下半期					
6	2018/3/31	ナッツ	583,010	下半期					
7	2018/3/31	ドライフルーツ	722,240	下半期					

4月始まりで年度ごとに集計する

　4月始まりで一緒に覚えておきたいのが、「4月〜翌3月」を1年とした年度ごとの集計です。この場合は、**MONTH関数で日付から取り出した「月」が「4未満」の場合は、日付の「年」を求め、「4以上」の場合は日付の「年」から1年引いた「年」を求める**、つまり、A1に日付なら、「(MONTH(A1)<4)」の場合は「YEAR(A1)」、「(MONTH(A1)>=4)」の場合は「YEAR(A1)-1」という条件式を作成することになります。条件式の内容からすると、IF関数にMONTH関数とYEAR関数を組み合わせた数式が必要ですが、ここでスピード数式テクを使いましょう。**論理値の「TRUE」と「FALSE」を使うことで短い数式でスピーディーに求められます。**

　Excelでは、条件を満たす場合に「TRUE」、満たさない場合に「FALSE」を返します。数式内で、「TRUE」は「1」、「FALSE」は「0」に変換されるので、「(MONTH(A2)<4)」の条件式を満たすか満たさないかで返される「1」と「0」を、YEAR関数で取り出した年から引き算するだけ

で求められることになります。

　しくみがわかりやすいように、「2019/3/1」「2019/4/1」を例に挙げましょう。以下のしくみで、日付から4月始まりで年を取り出せます。

=YEAR("2019/3/1")-(MONTH("2019/3/1")<4)
　　　　↓　　　　　　　　　　　↓
　　「2019」　　　　　条件を満たすので「1」　→　「2019」-「1」=「2018」

=YEAR("2019/4/1")-(MONTH("2019/4/1")<4)
　　　　↓　　　　　　　　　　　↓
　　「2019」　　　　条件を満たさないので「0」　→　「2019」-「0」=「2019」

　そのため、以下の数式を表の隣の列に作成して、②SUMIF関数で集計すると、4月始まりで年度別売上の合計表が作成できるというわけです。

4月始まりで四半期ごとに集計する

　「4月～6月」を第1四半期とした四半期ごとを集計する場合は、**MONTH関数で日付から取り出した「月」が「1」～「3」の場合は「第4」、「4」～「6」の場合は「第1」、「7」～「9」の場合は「第2」、「10」～「12」の場合は「第3」を求める**、つまり、A1に日付なら、「**MONTH(A1)<=3**」の場合は「第4」、「**MONTH(A1)>=4**」AND「**MONTH(A1)<=6**」の場合は「第1」、「**MONTH(A1)>=7**」AND「**MONTH(A1)<=9**」の場合は「第2」、「**MONTH(A1)>=10**」AND「**MONTH(A1)<=12**」の場合は「第3」という条件式を作成することになります。

　このように条件式が多い場合、IF関数やExcel2019で追加されたIFS関数でも数式が長くなるので、ここでスピード数式テクを使いましょう。**VLOOKUP関数**を使えば短い数式でスピーディーに求められます。VLOOKUP関数は範囲を縦方向に検索し、指定の列から検索値に該当する値を抽出する関数です。書式は次のとおりです。

=VLOOKUP(検索値,範囲,列番号[,検索方法])

引数の[検索値]を[範囲]に指定したセル範囲から[検索方法]で検索し、同じ行にある[列番号]の値を抽出します。引数の[検索方法]には、[検索値]を探す方法を以下のように指定します。

VLOOKUP関数の検索方法

検索方法	範囲を検索する方法
0、FALSE	[検索値]と完全一致する値を検索する
1、TRUE、省略	[検索値]が見つからないとき、検索値未満の最大値を検索する

検索方法を1（TRUE／省略）にする場合は、必ず[範囲]の左端列は文字コードの昇順に並べ替えておく必要があります。

この引数の[検索値]にMONTH関数で日付から取り出した「月」を指定し、引数の[範囲]に、月に該当する四半期の名前が入力された表のセル範囲を指定することで、月に該当する四半期の名前が抽出されることになります。

まず、別途①MONTH関数で日付から取り出した「月」に該当する四半期の名前の表を作成しておきます。そして、②表の隣の列に、「=VLOOKUP(MONTH(A2),$F$8:$G$11,2,1)」の数式を作成して、数式をオートフィルでほかの行にもコピーします。この数式の引数の[検索方法]には、該当する月が表にない場合、つまり、「2」なら「1」に該当する「第4四半期」が抽出されるよう完全一致の「0」ではなく、[検索値]が見つからないとき、検索値未満の最大値を検索する「1」を指定する必要があります。

そして、③SUMIF関数で集計すると、「4月～6月」を第1四半期とした四半期ごとの売上の合計表が作成できるというわけです。

D2		:	×	✓	fx	=VLOOKUP(MONTH(A2),$F$9:$G$12,2,1)	

	A	B	C	D	E	F	G
1	計上日	種類	売上			■四半期別売上	
2	2018/1/31	ナッツ	523,370	第4四半期		四半期	売上
3	2018/1/31	ドライフルーツ	441,240	第4四半期		第1四半期	10,815,910
4	2018/2/28	ナッツ	449,580	第4四半期		第2四半期	11,664,250
5	2018/2/28	ドライフルーツ	722,360	第4四半期		第3四半期	10,683,880
6	2018/3/31	ナッツ	583,010	第4四半期		第4四半期	8,619,730
7	2018/3/31	ドライフルーツ	722,240	第4四半期			
8	2018/4/30	ナッツ	584,750	第1四半期			
9	2018/4/30	ドライフルーツ	494,600	第1四半期		1	第4四半期
10	2018/5/31	ナッツ	586,210	第1四半期		4	第1四半期
11	2018/5/31	ドライフルーツ	966,860	第1四半期		7	第2四半期
12	2018/6/30	ナッツ	967,230	第1四半期		10	第3四半期
13	2018/6/30	ドライフルーツ	956,400	第1四半期			
14	2018/7/31	ナッツ	533,550	第2四半期			

　以上、ここまでで作成した数式をデータの追加に対応させるなら、4-5節でも触れていますが、数式作成後に、表をテーブルに変換しておけば可能です。テーブルが使えない表では名前を使うか、あらかじめ追加するであろう範囲までを対象に数式を作成しておきましょう。

ピボットテーブル＋関数で
できないグループ集計を
可能にする

1　互いの長所を活かして望みのグループ集計表を完成させる

　関数を使ったグループ集計は、「年」「月」「半期」「四半期」のように複数の階層表示の集計表を作成する場合には、関数だけでは数式作成が大変です。そんなときは、ピボットテーブルの力を借りるだけであっという間に作成できます。つまり、**ピボットテーブルだけではできないグループ集計を、関数プラスで可能にできる**というわけですね。

　たとえば、 具体例3 で作成した「年」「四半期」「月」ごとにグループ集計した表に、「上半期」「下半期」でグループ化した項目をさらに追加して集計表を作成するには、元の表に① 具体例7 の半期別の集計値を求める数式の列「半期」を追加しておきます。

　ピボットテーブルで 具体例3 の手順で「年」「四半期」「月」ごとの集計表を作成したなら、②［ピボットテーブルのフィールド］ウィンドウの「行」エリアの「年」の下に追加した「半期」をドラッグして配置するだけで完成します。

　③「上半期」「下半期」の横に小計を表示させるなら、［フィールドの設定］ダイアログボックスの［小計とフィルター］タブで［自動］を選択しておきましょう。

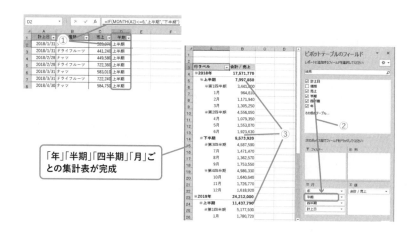

「年」「半期」「四半期」「月」ごとの集計表が完成

　また、4月〜翌3月までを1年とする、年度の始まりが、4月の場合で上記の集計表を作成したい場合は、「年」「半期」「四半期」それぞれが4月始まりになるように、①元の表に 具体例7 の「年度」「半期」「四半期」の数式の列をそれぞれ追加します。そして、［ピボットテーブルのフィールド］ウィンドウの「行」エリアには、②追加したフィールドの「年度」「半期」「四半期」の順番でドラッグし、③一番下に日付のフィールド「計上日」をドラッグして配置します。

　「計上日」をドラッグすると、Excel2019 ／ 2016では自動で「年」「四半期」「月」にグループ化されるので、④［グループ化］ダイアログボックスでグループ化する単位の「年」「四半期」を解除して「月」だけにしたら⑤［OK］ボタンをクリックします。Excel2013 ／ 2010では、「月」を選択して［OK］ボタンをクリックします。

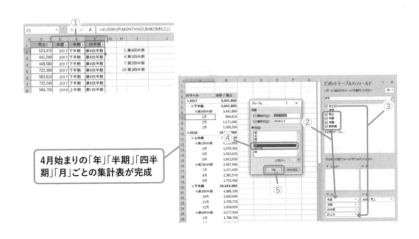

4月始まりの「年」「半期」「四半期」「月」ごとの集計表が完成

　次に「26日～翌月25日」を1か月で集計した25日締め集計など、締めの日をもとに月ごとの集計表を作成します。元の表に① 具体例7 の締めの日で集計値を求める数式の列「集計月」を追加します。そして、[ピボットテーブルのフィールド] ウィンドウの②「行」エリアには追加したフィールド「集計月」、その下に「ショップ名」、「列」エリアには「種類」、「値」エリアには「売上」をドラッグして配置すると、25日締めで月別ショップ別種類別集計表が作成できます。

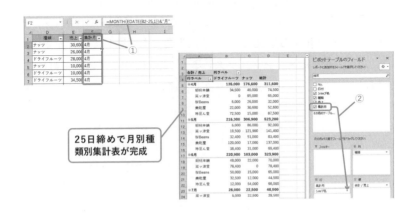

25日締めで月別種類別集計表が完成

　そのほか、 具体例6 や 具体例7 では解説していませんが、WEEDAY

288

関数で曜日、WEEKNUM関数で週を取り出した列を元の表に追加して
おけば、上記のようにそれぞれのエリアに配置するだけで、曜日や週ご
との階層表示の集計表が作成できるわけです。関数を使った数式だけだ
と、ここまでのような複雑な集計表を作成するには数式作成に手間が掛
かりますが、両方を組み合わせると、スピーディーに完成できます。

2　集計アイテムで利用するならグループ化は関数でおこなおう

　**ピボットテーブルでは、一度、グループ化したアイテムは、集計
アイテム（第5章　具体例3　参照）として利用できません。** そのため、
具体例3　で、年月でグループ化したクロス表を作成しましたが、この年
月をもとに「前年同月比」を追加したい場合、前年同月比を求める数式
「2019年／2018年」を集計アイテムで作成しようとしてもできないので
す。

　これは、元の表に関数の列を追加することで解決できます。グループ
化した「年」「月」を使わずに、元の表に関数で「年」「月」の列を追加
して、その年月をもとに集計アイテムで「前年同月比」を追加すること
でできます。

　元の表に、具体例6　のように、「計上日」から①YEAR関数で年、②
MONTH関数で月を取り出しておきます。この場合、取り出した要素に
「年」や「月」が付けられるように数式は「&"年"」「&"月"」と作成して
おくのがコツです。

	A	B	C	D	E
D2		fx	=YEAR(A2)&"年"		
	計上日	種類	売	年	月
2	2018/1/31	ナッツ	523,370	2018年	1月
3	2018/1/31	ドライフルーツ	441,240	2018年	1月
4	2018/2/28	ナッツ	449,580	2018年	2月
5	2018/2/28	ドライフルーツ	722,360	2018年	2月
6	2018/3/31	ナッツ	583,010	2018年	3月

③ピボットテーブルを作成して、［ピボットテーブルのフィールド］ウィンドウで、表に追加した「月」を「行」エリアに、「年」を「列」エリアにドラッグして配置します。

④集計に利用するアイテムを1つ選択し、［分析］タブ（Excel2010では［オプション］タブ）→［計算方法］グループ→［フィールド／アイテムセット］→［集計アイテム］を選択します。

表示された［"年"への集計アイテムの挿入］ダイアログボックスで、⑤［名前］に「前年同月比」を入力⑥［数式］には「='2019年'/'2018年'」と入力して、⑦［OK］ボタンをクリックします。

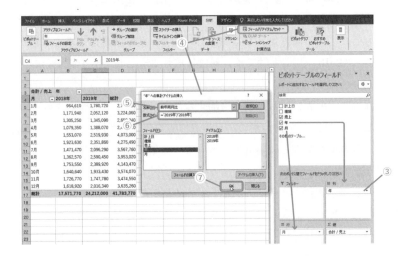

⑧パーセンテージの表示形式に変更して、⑨行の「総計」は不要なので、［デザイン］タブ→［レイアウト］グループの［総計］ボタン→［列のみ集計をおこなう］を選択して非表示にしておきます。年月のクロス表に「前年同月比」を追加できました。

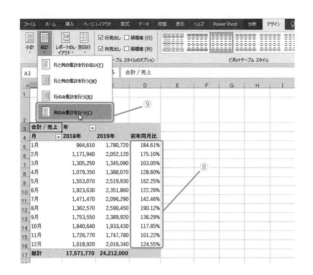

ファイル　ホーム　挿入　ページ レイアウト　数式　データ　校閲　表示　ヘルプ　Power Pivot　分析　デザイン

| | | | | | ☑ 行見出し □ 縞模様 (行) | | | |
|小計|総計|レポートのレ イアウト|空白行| ☑ 列見出し □ 縞模様 (列) | | | ピボットテーブル スタイル |

行と列の集計を行わない(F)

行と列の集計を行う(N)

行のみ集計を行う(R)

列のみ集計を行う(C) ⑨

A3			合計 / 売上

合計 / 売上	年		
月	2018年	2019年	前年同月比
1月	964,610	1,780,720	184.61%
2月	1,171,940	2,052,120	175.10%
3月	1,305,250	1,345,090	103.05%
4月	1,079,350	1,388,070	128.60%
5月	1,553,070	2,519,930	162.25%
6月	1,923,630	2,351,860	122.26%
7月	1,471,470	2,096,290	142.46%
8月	1,362,570	2,590,450	190.12%
9月	1,753,550	2,389,920	136.29%
10月	1,640,640	1,933,430	117.85%
11月	1,726,770	1,747,780	101.22%
12月	1,618,920	2,016,340	124.55%
総計	17,571,770	24,212,000	

⑧

CHAPTER 7

シートやブックをまたいで
いくつもの表を合体して
集計するコツ

複数のシートやブックの表を集計しよう

　これまでは、1つの表をもとにしてさまざまな集計表を作成してきましたが、データを月別・担当者別・店舗別などでシートやブックに分けて入力していると、指定のセルや表に集計値を求めるのに、通常の操作ではできなかったり、方法をまちがうと思わぬ時間を費やしてしまったりします。

　この章では、複数のシートやブックに分かれている表を、どうすればスピーディーに処理して、目的の集計値が求められるかを解説していきます。

1　複数のシートやブックのデータを集計しよう

　まずは、それぞれのシートの指定のセル範囲にあるデータを1つのセルに集計する場合です。第1章では［合計］ボタンで集計するとき、離れた範囲を選択するための手段として Ctrl を使いました。複数の表のデータを対象に集計するときも、Ctrl でそれぞれの表の集計するセル範囲を選択して Enter で確定することで求められます。

	A	B	C	D	E
1	▶関東地区のナッツ売上		=SUM(C5:C6,C8,C14:C15,C17)		
2			SUM(数値1, [数値2], ...)		
3	**4月売上表**				
4	種類 ショップ名	ドライフルーツ	ナッツ	ショップ計	
5	胡桃本舗	34,500	40,000	74,500	
6	菜ッ津堂	0	65,000	65,000	
7	桜Beans	6,000	44,000	50,000	
8	美乾屋	55,600	30,600	86,200	
9	玲豆ん堂	106,100	0	106,100	
10	種類計	202,200	179,600	381,800	
11					
12	**5月売上表**				
13	種類 ショップ名	ドライフルーツ	ナッツ	ショップ計	
14	胡桃本舗	6,000	90,000	96,000	
15	菜ッ津堂	83,900	121,900	205,800	
16	桜Beans	57,400	33,000	90,400	
17	美乾屋	86,400	17,000	103,400	
18	玲豆ん堂	38,400	53,000	91,400	
	種類計	272,100	314,000	587,000	

Ctrl を押しながら集計する範囲を選択

　しかし、それぞれの表が複数のシートに分かれている場合は、Ctrl が使えません。たとえば、ショップ別シートに売上表を作成している場合に、すべてのシートの5月だけの売上合計を求める数式を「集計」シートのセルに作成するには、以下の手順が必要です。

①求めるセルに、［数式］タブ→［関数ライブラリ］グループ→［合計］ボタンをクリックして SUM 関数を挿入
②「胡桃本舗」のシートを開いて5月だけの「売上」のセル範囲を選択

　ここで、「菜ッ津堂」のシートの表の5月の「売上」のセル範囲を選択するために、Ctrl を押しながらシート名をクリックしても、シートを開けません。

> Ctrl を押しながら
> シート名をクリック
> しても開かない

1-3節で解説したとおり、同じシートの表で集計する場合は、数式内で Ctrl を押しながら次のセル範囲を選択すると、自動で引数の区切りである「,」が入力されて、次のセル範囲が選択できるようになりました。**ここでは Ctrl が使えないので、引数の区切りである「,」を直接入力すればいいわけです。**

③「,」を直接入力する
④次の引数に指定する「菜ッ津堂」のシートを開けるので、5月の「売上」のセル範囲を選択
⑤続けて「,」を入力
⑥「美乾屋」シートを開いて5月の「売上」のセル範囲を選択したら、Enter で数式を確定
⑦「胡桃本舗」～「美乾屋」シートの5月の売上合計が「集計」シートに求められる

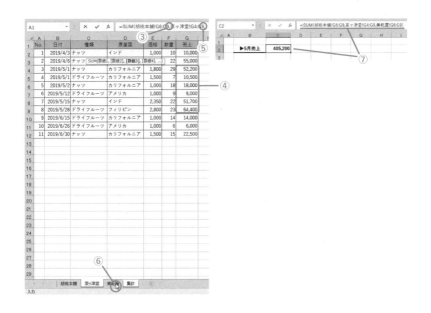

　なお、このようにシートごとに複数のセル範囲ではなく1つのセルだけを集計するなら、合計はSUM関数を使わずに、足し算の演算子「+」で数式を作成すれば、「,」を入力しなくても、普通に別のシートを開いて選択できます。平均なら、AVERAGE関数を使わなくても「足し算の結果/シートの枚数」の数式でもOKです。たとえば、「2019.04」～「2019.06」の月別シートのクロス表の右下の合計だけをすべて足し算する場合は以下のようになります。

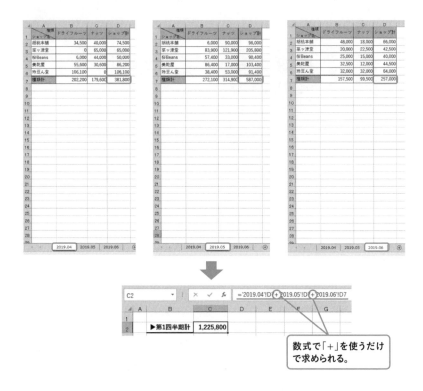

数式で「＋」を使うだけ
で求められる。

集計対象のセルが全て同じ位置なら串刺し演算を使う

　しかし、上記のように連続したそれぞれのシートにある集計対象のセ
ルが、すべて同じ位置にある場合には、シートごとにセルを足し算する
数式ではなく、［合計］ボタンを使えば、どんなにシートの数が多くて
もスピーディーに集計できます。

①求めるシートのセルに［合計］ボタンで SUM 関数を挿入
②集計する「2019.04」シートをクリックして Shift を押しながら
　「2019.06」シートをクリックすると、「2019.04」～「2019.06」シー
　トがグループ化される
③合計する D7 セルを選択して、 Enter で数式を確定する
④「2019.04」～「2019.06」シートのそれぞれのクロス表の右下 D7

298

セルの合計を足し算した結果が求めらる

連続したシートが5枚や10枚ある場合なら、シートの数だけ足し算するより、[合計] ボタンのほうがはるかにスピーディーに求められます。

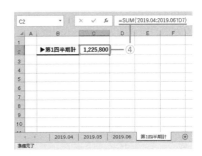

この数式のしくみを見てみましょう。[Shift] で集計する先頭のシート名と最後のシート名をクリックすると、その間のシートがすべて選択されてグループ化されます。グループ化してセルを選択すると、同じ位置にあるすべてのシートのセルが同時に選択されます。そのため、グループ化した状態で合計のD7セルを選択すると、選択したすべてのシートのD7セルが同時に選択され、数式で指定されることになるので、集計されるしくみです。

このように、同時に選択されたセルが串刺しされるようにまとめられるため、**串刺し演算**または**串刺し集計**と呼ばれます。

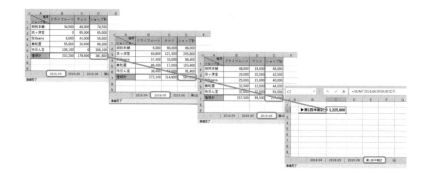

　もちろん、上記のように1つのセルに集計する場合だけではなく、集計対象と同じ行列数の表に求める場合でも、串刺し演算を使えば一発で求められます。この場合は、次のようにします。

①あらかじめ求めるセル範囲をすべて選択
② ［合計］ボタンをクリック

　「平均」など「合計」以外の集計方法は、［合計］ボタンの［▼］をクリックして表示されたメニューから選択します。

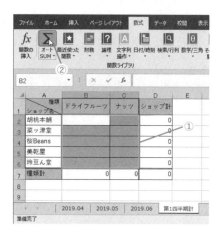

③ Shift で集計する「2019.04」シート〜「2019.06」シートを選択
④集計する範囲の左上のセルを選択
⑤数式の確定には Ctrl + Enter を使うか、再度［合計］ボタンをクリックする（「平均」など「合計」以外の集計方法は［合計］ボタンの［▼］をクリックして表示されたメニューから選択する）

　すべてのセルに、それぞれのシートの同じ位置にあるセルの値を合計した集計表が作成できました。

「2019.04」シート〜「2019.06」シートのそれぞれ同じセル番地の数値の合計が求められる。

　ただし、同じ位置で同じ行列数でも、離れたシートの表を集計したい場合は、296〜297ページのように「,」を入力して、次のシートを開いてそれぞれの集計するセルを選択する必要があります。
　たとえば、上記と同じように、集計対象と同じ行列数の表に求める場合、「2019.04」シートと「2019.06」シートの表を集計するには、手順③で「2019.04」シートの集計する範囲の左上のセルを選択します。④「,」を入力し、⑤「2019.06」シートをクリックして開いたら、⑥「2019.06」シートの表の左上のセルを選択して、Ctrl + Enter を使うか、再度⑦［合計］ボタンをクリックして数式を確定します。

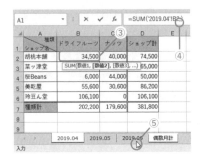

> 「2019.04」シートと「2019.06」シートのそれぞれ同じセル番地の数値の合計が求められる。

複数ブックの集計は「ウインドウの切り替え」ボタンを使う

さて、ここまでは複数のシートにデータを分けている場合の操作でしたが、**月別のブック（ファイル）など、複数のブックにデータを分けている場合も、集計する前にすべてのブックを開いて、ブックごとのウィンドウを切り替えながら操作すれば、手順は同じ**です。

たとえば、ショップ別ブックに売上管理表を作成している場合に、「集計.xlsx」に、それぞれのブックの5月の売上合計を求める場合です。

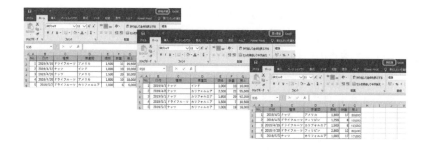

① すべてのブックを開いておき、集計する「集計.xlsx」のセルに［数式］
　 タブ→［関数ライブラリ］グループ→［合計］ボタンをクリックして
　 SUM関数を挿入
② ［表示］タブ→［ウィンドウ］グループ→［ウィンドウの切り替え］
　 ボタンから「胡桃本舗.xlsx」を選択してウィンドウを「胡桃本舗.xlsx」
　 ブックに切り替える

③「胡桃本舗.xlsx」の集計する５月の「売上」のセル範囲を選択

④続けて「,」を入力すると、次のセル範囲が選択できるようになる

⑤［ウィンドウの切り替え］ボタンから「菜ッ津堂.xlsx」を選択してウィンドウを「菜ッ津堂.xlsx」に切り替える

⑥集計する５月の「売上」のセル範囲を選択

⑦続けて「,」を入力

⑧［ウィンドウの切り替え］ボタンから「美乾屋.xlsx」を選択してウィンドウを「美乾屋.xlsx」に切り替える

⑨集計する５月の「売上」のセル範囲を選択して、 Enter で数式を確定すると、「集計.xlsx」ブックに３つのブックの５月の売上合計が求められる

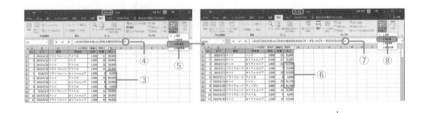

　もちろん、それぞれのブックの1つのセルだけを集計するなら、298ページの複数のシートのときと同じように、［合計］ボタンを使わずに足し算の数式でも可能です。**ブックごとに1つのセルだけ合計するなら、「,」が不要な足し算のほうがスピーディーに求められます。**

　足し算で合計を求める場合は、「集計.xlsx」のブックのセルに「=」

と入力したら、1つ目の集計するブックに切り替えて①集計するセルを選択し、②足し算の演算子「+」を入力します。③［ウィンドウの切り替え］ボタンから次のブックに切り替えて、そのブックの集計するセルを選択するといった手順で数式を作成したら、最後は Enter で確定するだけです。

複数ブックの串刺し演算

　複数ブックの串刺し演算も、すべてのブックを開いておけば、上記のようのブックごとにウィンドウを切り替えて操作をすれば可能です。たとえば、月別ブックに同じ行列数の表を作成していて、「集計.xlsx」の同じ行列数の表に集計する場合です。

　月別シートのように Shift でクループ化できないため、**それぞれの**
ブックの集計する範囲の左上のセルを選択して数式を作成しなければな
りません。

① 「集計.xlsx」ブックの求めるセル範囲をすべて選択
② [合計] ボタンをクリックして SUM 関数を挿入
③ [ウィンドウの切り替え] ボタンから「2019.04.xlsx」に切り替えます。

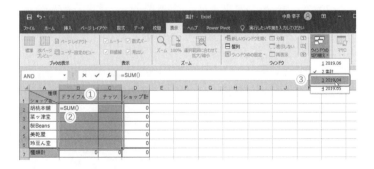

④集計する範囲の左上のセルを選択

⑤続けて「,」を入力

⑥ウィンドウを「2019.05.xlsx」に切り替えたら、集計する範囲の左
上のセルを選択。続けて「,」を入力して、ウィンドウを「2019.06.
xlsx」に切り替えます。

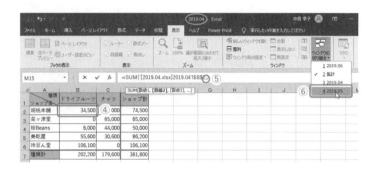

⑦集計する範囲の左上のセルを選択

　これで、3つすべてのブックのセルを選択できました。しかし、**数式
内で別のブックのセルを選択すると自動で絶対参照が設定されてしま
い、このままではそのセルだけが集計対象となってしまうので、「$」
記号を外す必要があります。**ただし、1つずつ外すのは面倒なので、以
下のようにスピードテクを使いましょう。

⑧数式バーの数式をすべて選択して、 F4 を3回押して「$」記号を外
す（ F4 については4-3節参照）

⑨すべての「$」記号を一度に外せた

⑩ Ctrl ＋ Enter を押すか、再度［合計］ボタンをクリックして数式を
確定する

⑪「集計.xlsx」の表に集計できた

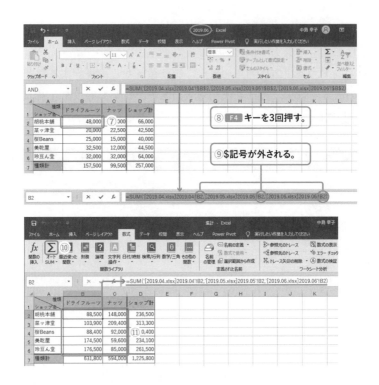

2　行列見出しが違う表を統合して集計しよう

　次に、それぞれのシートの表が違う行列数で違う見出しの場合に、1つの表にそのすべてを合体させた集計表が必要な場合です。たとえば、ショップ別のシートに、それぞれの商品別の集計表を作成していて、それぞれで取り扱う商品の数も違うとしましょう。そうなると、表の行列数はシートごとに違い、同じ商品名でも位置が異なるので、298〜300ページのように串刺し演算では求められません。

　行列数や見出しの位置が異なっても、すべての行列見出しを統合して1つの集計表を作成するには、**統合**を使います。統合を使うと、それぞれの表の同じ見出しで集計され、集計する基準を列見出しか行見出しで選べます。行列見出し両方を基準に選んだなら、以下のように、すべてのシートの行列見出しを統合した集計表を作成できます。

商品名	カリフォルニア	アメリカ	インド	商品別計
アーモンド	0	4	0	4
カシューナッツ	0	0	10	10
クルミ	8	0	0	8
ピスタチオ	0	22	0	22
ブルーベリー	0	10	0	10
プルーン	0	11	0	11
マカデミア	0	20	0	20
レーズン	6	0	0	6
原産国別計	14	67	10	91

胡桃本舗　栗ヶ津堂　全ショップ計

商品名	カリフォルニア	アメリカ	フィリピン	インド	商品別計
アーモンド	29	0	0	0	29
カシューナッツ	0	0	0	32	32
クルミ	40	0	0	0	40
ブルーベリー	0	9	0	0	9
プルーン	7	0	0	0	7
マンゴー	0	0	23	0	23
原産国別計	76	9	23	32	140

胡桃本舗　栗ヶ津堂　全ショップ計

商品名	カリフォルニア	アメリカ	フィリピン	インド	商品別計
アーモンド	29	4	0	0	3
カシューナッツ	0	0	0	42	4
クルミ	48	0	0	0	4
ピスタチオ	0	22	0	0	
ブルーベリー	0	19	0	0	
プルーン	7	11	0	0	1
マカデミア	0	20	0	0	
レーズン	6	0	0	0	
マンゴー	0	0	23	0	2
原産国別計	90	76	23	42	23

胡桃本舗　栗ヶ津堂　全ショップ計

　それでは、統合を使って違う行列数や行列見出しの複数のシートの表を
1つの表にまとめて集計する手順を、具体例でくわしく見ていきましょう。

具体例1 複数のシートやブックのクロス表を統合する

　ショップ別のシートに作成したクロス表の商品名と原産国名を統合し
て、1つの集計表を作成してみます。

①集計表を作成するシートのセルを選択

② [データ] タブ→ [データツール] グループの [統合] ボタンをクリックし、表示された [統合の設定] ダイアログボックスを使って、3つのシートを統合する

③ [集計の方法] に集計する方法を選択する。ここでは [合計] を選択

④ [統合元範囲] に統合するセル範囲をシートごとに選択する

⑤ボックス内をクリックして、1つ目の「胡桃本舗」シートを開く

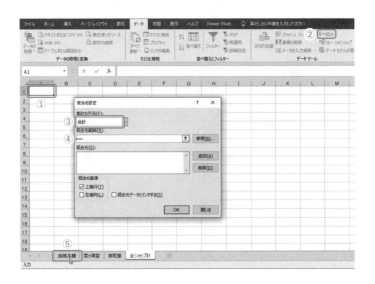

⑥統合する行列見出しを含めて範囲選択する

⑦ [追加] ボタンをクリック

⑧ [統合元] に追加される

　残りのシートも開いて、それぞれの統合するセル範囲を選択し、[追加] ボタンをクリックして3つのシートの統合するセル範囲をすべて [統合元] に追加します。

　[統合の基準]には、統合する基準を設定します。[上端行]にチェックを入れると列見出しだけ、[左端列]にチェックを入れると行見出しだけ、両方にチェックを入れると、行列見出しで統合されます。両方にチェックを入れないと、位置による統合がおこなわれます。

⑨ここでは、行列見出しで統合するので、両方にチェックを入れる
⑩ [OK] ボタンをクリック

　統合するセル範囲とリンクさせる場合は、[統合元データとリンクする]にチェックを入れておきましょう。

　3つのショップの商品名と原産国を統合した行列見出しで、売上の合計表が作成されます。書式は反映されないので、見栄え良く整え、必要

CHAPTER 7
シートやブックをまたいで
いくつもの表を合体して集計するコツ

に応じて合計の列や行も追加しておきましょう。

　なお、それぞれのシートの表の一部の見出しだけを統合して集計表を作成したい場合は、①**あらかじめ、必要な行列見出しを入力した表を作成し、その表を選択してから、②[統合] ボタンをクリックしましょう。**③上記の手順③〜⑩で設定をおこなうと、④入力した行列見出しで統合した集計表が作成されます。

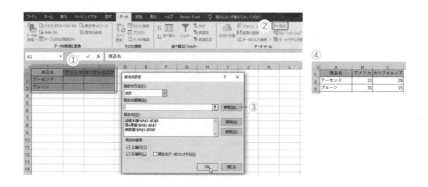

複数ブックを統合する

それぞれのデータをシートごとではなく、以下のようにブックごとに作成している場合でも、統合で1つの表に集計できます。

7-1-1の解説と同じように、集計する前にすべてのブックを開いて、ブックごとのウィンドウを切り替えながら操作すればスピーディーに集計できます。

求めるブックで［統合］ボタンをクリックして、［統合の設定］ダイアログボックスを開きます。

① ［集計の方法］に集計する方法を選択
② ［統合元範囲］のボックス内をクリック
③ ［表示］タブ→［ウィンドウ］グループ→［ウィンドウの切り替え］ボタンをクリック
④ 表示されたブック一覧から1つ目のブックを選択して開いたら、統合するセル範囲を選択
⑤ ［追加］ボタンをクリックして［統合元］に追加する。残りのブックも同様に追加する
⑥ ［統合の基準］にチェックを入れる
⑦ ［OK］ボタンをクリックすると、すべてのブックを統合した集計表が作成できる

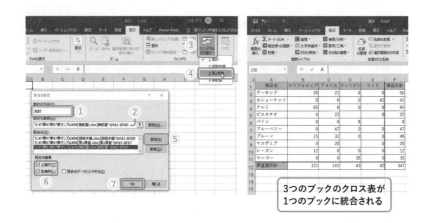

3つのブックのクロス表が
1つのブックに統合される

　統合は、1つずつ表のセル範囲を選択して［統合元］に追加していくため、それぞれのシートやブックの表が違う位置にあっても利用できるというわけです。

　なお、統合を削除してやり直すには、再度［統合の設定］ダイアログボックスを表示させ、①［統合元］から削除する範囲を1つずつ選択して、②［削除］ボタンをクリックしましょう。

3　1つに集計したクロス表をシートごとに切り替えられるようにしよう

　ここまでで、シートごとにあるクロス表を串刺し演算や統合を使って、1つのクロス表に集計してきましたが、シート名で切り替えられる集計表にすることもできます。

そのためには、**ピボットテーブルウィザード**で1つのシートに統合します。ただし、ピボットテーブルウィザードは、通常のピボットテーブルとは違い、範囲に指定した左端の項目を行のフィールド、上端の項目を列のフィールドとしてピボットテーブルを作成するため、複数のクロス表から1つの集計表を作成する場合に向いています。通常のデータベース用の表で利用すると、左端の項目がすべて行のフィールドになってしまうので、利用には注意が必要です。

　具体例1では、3つのショップ別シートのクロス表を統合で集計しましたが、ショップ名で切り替えられません。ピボットテーブルウィザードを使って、ショップ名で切り替えられる集計表にしてみます。

① **Alt** + **D** を押して、画面上部にポップヒントが表示されたら **P** を押しピボットテーブルウィザードを起動
② ［ピボットテーブル／ピボットグラフウィザード1／3］では［複数のワークシート範囲］を選択
③ ［次へ］ボタンをクリック

④ ［ピボットテーブル／ピボットグラフウィザード2a／3］では、シートを切り替えるページフィールド名を指定するので、［指定］を選択
⑤ ［次へ］ボタンをクリック

⑥ ［ピボットテーブル／ピボットグラフウィザード 2b ／ 3］では、［範囲］に統合する範囲をシートごとに選択

⑦ ［追加］ボタンで追加していく

⑧ すべて追加したら、［ページフィールド］にピボットテーブルの［フィルターエリア］に配置するフィールドの数を指定する。ここでは、「ショップ名」のフィールドだけを配置して切り替えたいので「1」を選択

⑨ 1 つずつシートごとの範囲を選択して、シートを切り替えるときのそれぞれの名前を付ける。ここでは、シート名のショップ名をそれぞれの範囲を選択して付ける

⑩ ［次へ］ボタンをクリック

⑪ ［ピボットテーブル／ピボットグラフウィザード 3 ／ 3］では、作成場所を指定する。ここでは［新規ワークシート］を選択

⑫ ［完了］ボタンをクリック

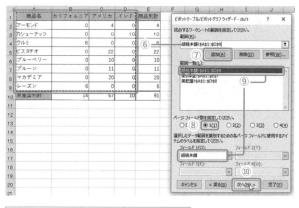

　3つのシートの表を統合したピボットテーブルが作成されました。

　⑬［フィルター］エリアのフィルターボタン［▼］をクリックすると、手順⑨で付けたショップ名のリストが表示され、⑭「美乾屋」を選択して⑮［OK］ボタンをクリックすると、「美乾屋」シートの表に切り替えられます。

選択したシートの集計表に切り替えられる

共通のフィールドを
関連付けて
1つの集計表を作成しよう

1　複数の表の共通のフィールドを関連付けて1つの集計表を作成しよう

　これまで扱ってきた表には、必要なすべての情報を入力していましたが、売上表には「商品名をID番号で入力し、ID番号に該当する商品名や価格を別の表で作成している」という場合もあります。別の表で作成しておけば、何度も同じ商品名を入力する手間も省け、名称の入力ミスも防ぐことができます。

	A	B	C	D
1	No.	日付	商品ID	数量
2	1	2019/4/1	N 003	17
3	2	2019/4/1	N 007	26
4	3	2019/4/2	D 007	22
5	4	2019/4/3	N 006	10
6	5	2019/4/5	D 001	8
7	6	2019/4/5	D 004	23
8	7	2019/4/6	N 008	22
9	8	2019/4/10	D 005	11
10	9	2019/4/12	N 006	10
11	10	2019/4/16	D 004	8
12				
13				

売上管理表　商品リスト　+

	A	B	C	D
1	商品ID	商品名	原産国	価格
2	N 001	アーモンド	カリフォルニア	1,800
3	N 002	アーモンド	カリフォルニア	1,000
4	N 003	アーモンド	アメリカ	1,800
5	N 004	アーモンド	アメリカ	1,000
6	N 005	カシューナッツ	インド	2,350
7	N 006	カシューナッツ	インド	1,000
8	N 007	クルミ	アメリカ	1,000
9	N 008	クルミ	カリフォルニア	2,500
10	N 009	クルミ	カリフォルニア	1,000
11	N 010	ピスタチオ	アメリカ	1,500
12	N 011	ピスタチオ	アメリカ	3,000
13	N 012	マカデミア	アメリカ	1,500

売上管理表　商品リスト　+

　しかし、商品別の集計表が必要になったとき、このままでは、「売上管理表」に「数量」があっても「商品名」がないため作成できません。作成するには、**それぞれの表の共通のフィールドを関連付ける**必要があるのです。上記の2つの表なら、共通フィールドは「商品ID」になります。

それぞれの表をテーブルに変換しておけば、この共通のフィールドに**リレーションシップ**を設定して、テーブル同士を関連付けられます。関連付けたテーブルがあれば「売上管理表」にしかない「数量」と、「商品リスト」にしかない「商品名」を関連付けた、商品別の数量の集計表を、ピボットテーブルで作成できるのです。

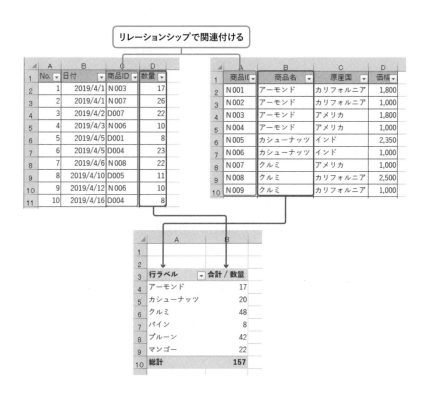

　それでは、リレーションシップで2つのテーブルを関連付けて、1つの集計表を作成する手順をくわしくみていきましょう。

具体例❷ 2つのテーブルを関連付けて商品別の集計表を作成する

　「売上管理表」の「数量」、「商品リスト」の「商品名」をもとに、商品別の数量の合計表を作成してみます。

	A	B	C	D
1	No.	日付	商品ID	数量
2	1	2019/4/1	N003	17
3	2	2019/4/1	N007	26
4	3	2019/4/2	D007	22
5	4	2019/4/3	N006	10
6	5	2019/4/5	D001	8
7	6	2019/4/5	D004	23
8	7	2019/4/6	N008	22
9	8	2019/4/10	D005	11
10	9	2019/4/12	N006	10
11	10	2019/4/16	D004	8
12				
13				

売上管理表　商品リスト

	A	B	C	D
1	商品ID	商品名	原産国	価格
2	N001	アーモンド	カリフォルニア	1,800
3	N002	アーモンド	カリフォルニア	1,000
4	N003	アーモンド	アメリカ	1,800
5	N004	アーモンド	アメリカ	1,000
6	N005	カシューナッツ	インド	2,350
7	N006	カシューナッツ	インド	1,000
8	N007	クルミ	アメリカ	1,000
9	N008	クルミ	カリフォルニア	2,500
10	N009	クルミ	カリフォルニア	1,000
11	N010	ピスタチオ	アメリカ	1,500
12	N011	ピスタチオ	アメリカ	3,000
13	N012	マカデミア	アメリカ	1,500

売上管理表　商品リスト

①それぞれのシートの表はテーブルに変換しておく（変換方法は序章2節参照）

②それぞれのテーブルには、［デザイン］タブ→［プロパティ］グループ→［テーブル名］にわかりやすい名前を付けておく。ここでは、「売上管理表」シートの表に「売上表」、「商品リスト」シートの表に「商品リスト」と名前を付ける

③［データ］タブ→［データツール］グループ→［リレーションシップ］ボタンをクリック

④表示された［リレーションシップの管理］ダイアログボックスで、［新

規作成] ボタンをクリック

　[リレーションシップ] ボタンは、テーブルに変換していない表や、1つのシートにしかテーブルに変換した表がない場合は選択できません。

⑤表示された [リレーションシップの作成] ダイアログボックスで、関連付けるテーブル名とフィールド名を選択する。ここでは、「商品ID」を関連付けるので、[テーブル] に「ワークシートテーブル売上表」「商品 ID」を、[関連テーブル] に「ワークシートテーブル商品リスト」「商品 ID」を指定[1]

⑥ [OK] ボタンをクリック

⑦ほかにも関連付けたいフィールドがある場合は、さらに [新規作成] ボタンをクリックして同じようにテーブルごとにリレーションシップを設定する

1　Excel2013では、「ワークシートテーブル」 の文字は表示されず、テーブル名のみが表示されます。

⑧すべて設定できたら［閉じる］ボタンをクリック

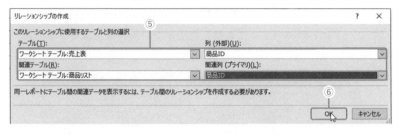

これで、2つのテーブルの共通フィールド「商品ID」にリレーション
が設定されたので、ピボットテーブルで商品別の集計表を作成します。
どちらかのシートで、［挿入］タブ→［テーブル］グループの［ピボットテー
ブル］ボタンをクリックし、［ピボットテーブルの作成］ダイアログボッ
クスを表示します。

⑨作成する場所を指定したら、［このデータをデータモデルに追加する］
にチェック

⑩［OK］ボタンをクリックします。

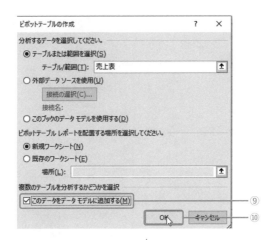

⑪表示された［ピボットテーブルのフィールド］ウィンドウ（Excel2010
　では［ピボットテーブルのフィールドリスト］ウィンドウ）で、［す
　べて］（Excel2013では［すべてのフィールド］）をクリックするとテー
　ブルごとにフィールド名が表示される

⑫「行」エリアに「商品リスト」テーブルの「商品名」、「値」エリアに「売
　上表」テーブルの「数量」をドラッグしてピボットテーブルを作成す
　ると、商品別の数量の合計表が作成できる

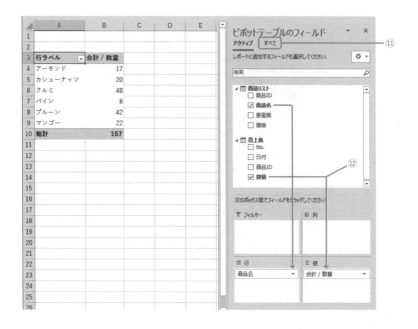

　リレーションシップは、具体例のように2つのテーブルだけではなく、複数のテーブルでも、［リレーションシップの作成］ダイアログボックスを使って設定できます。

複数ブックにリレーションを設定する

　Excel ／ 2019 ／ 2016 ／ 2013では、**PowerPivot**を使うと複数ブックにリレーションシップを設定できます。［Power Pivot］タブを表示させるには、① ［ファイル］タブ→［オプション］→［アドイン］で、② ［管理］のリストから［COM アドイン］を選択して③ ［設定］ボタンをクリックします。表示された［COM アドイン］ダイアログボックスで④ ［Microsoft Power Pivot for Excel］にチェックを入れて、⑤ ［OK］ボタンをクリックすると、［Power Pivot］タブが表示されます。

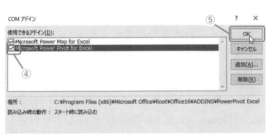

　たとえば、 具体例2 のように1つのブックではなく、「売上管理表.xlsx」
に「売上表」テーブル、「商品リストxlsx」に「商品リスト」テーブル
を作成している場合でも、ブック同志にリレーションシップを設定して
「集計.xlsx」に集計することができるのです。

　さらに、ExcelブックどうしではなくExcelブックとCSVファイルで
も、共通フィールドがあれば、リレーションシップで関連付けて、集計
表を作成することもできます。

Excel2010でリレーションシップを使うには、PowerPivotというアドインを組み込む必要があります。

https://www.microsoft.com/ja-jp/download/details.aspx?id=29074

アドインを組み込みと、[PowerPivot] タブが表示されます。「売上表」シートの表内のセルを選択して、①[PowerPivot] タブ→[Excelデータ] グループ→[リンクテーブルの作成] ボタンをクリックします。②[Power Pivot for Excel] ウィンドウが起動して「売上表」テーブルが取り込まれます。

テーブルに変換していない場合は、[テーブルの作成] ダイアログボックスが表示され、[先頭行をテーブルの見出しとして使用する] にチェックを入れて [OK] ボタンをクリックすると、テーブルに変換と同時に [Power Pivot for Excel] ウィンドウが表示されて取り込まれます。

③次に「商品リスト」シートをクリックして、同じように [リンクテーブルの作成] ボタンをクリックして [Power Pivot for

Excel] ウィンドウに取り込みます。

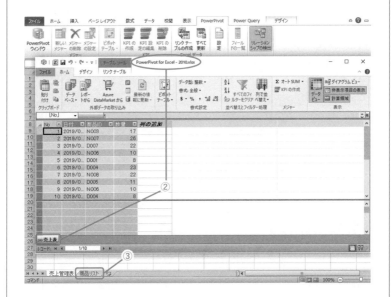

④2つのテーブルを取り込むことができたら、⑤ [Power Pivot for Excel] ウィンドウの [ホーム] タブ→ [ピボットテーブル]ボタンをクリックします。⑥それぞれのテーブルからピボットテーブルを作成します。すると、上部に [リレーションシップが必要である可能性があります] と表示されるので、⑦ [作成] ボタンをクリックします。[リレーションシップ]ダイアログボックスが表示されて、リレーションシップが自動的に検出されます。問題なく検出されたら⑧ [完了] と表示されるので、⑨ [閉じる] ボタンをクリックすると、⑩324ページと同じ商品別の数量の合計表が作成できます。

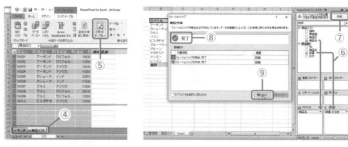

　321～322ページの手順⑤～⑧のように、手動で共通フィールドを関連付けなくても自動でリレーションシップが設定されました。

　なお、データの変更や追加を反映させるには、[PowerPivot]タブ→[すべて更新]ボタンで[Power Pivot for Excel]ウィンドウを表示させ、上書きボタンをクリックして閉じてから、[オプション]タブ→[データ]グループ→[更新]ボタンをクリックします。

　なお、リレーションシップを設定したピボットテーブルでは、5-3節で解説した集計フィールドを使って数式の列の追加ができません。追加するには、[Power Pivot for Excel]ウィンドウを使えば可能です。くわしい操作方法については、紙面の都合で割愛します。

2 リレーションシップが使えないときはVLOOKUP関数を使おう

　複数の表を関連付けて1つの集計表が必要なのに、テーブルに変換できない表だったりしてリレーションシップが使えない場合なら、同じ役割を果たしてくれる関数を使いましょう。使う関数は**VLOOKUP関数**です。VLOOKUP関数は、範囲を縦方向に検索し、指定の列から検索値に該当する値を抽出する関数です（くわしくは6-2節参照）。つまり、別の表にある共通フィールドを検索値として該当する値を抽出してくれます。

　たとえば、 具体例2 のような商品別の数量の合計表を作成するなら、共通フィールドの「商品ID」をもとに、「商品リスト」シートから「商品名」を「売上管理表」シートの表に抽出してくれます。

①「商品名」の列を作成してVLOOKUP関数を入力
②引数の[検索値]に共通のフィールドの「商品ID」のセルを選択
③[範囲]に「商品リスト」シートの表を範囲選択して、コピーしてもずれないように絶対参照にする
④[列番号]に「商品リスト」シートの表の抽出する「商品名」の列番号の「2」を入力
⑤[検索方法]に完全一致の「0」を入力して、数式を作成する
⑥数式をオートフィルでほかの行にもコピーすると、「商品ID」に該当する「商品名」の列が作成できる

　完成した売上管理表をもとにピボットテーブルを作成すれば、商品別の数量の合計表が作成できるというわけです。

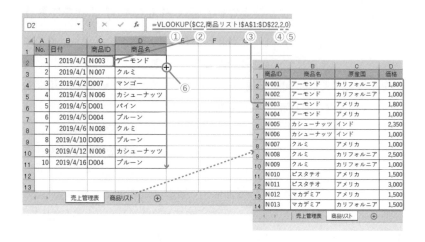

　また、上記のように「商品ID」に該当する「商品名」だけではなく、すべての商品リストを「売上管理表」シートの表に抽出して1つの表にしてしまえば、商品リストのすべてのフィールドを使って集計表を作成できます。

① 「売上表」の「商品ID」の隣の列に「商品リスト」シートの「商品名」「原産国」「価格」の３つの列を挿入する

② VLOOKUP関数を手順①〜⑤で入力する。このとき、列方向に数式をコピーしてもずれないように、[検索値] は列番号だけを固定させる複合参照にする

③ 数式を「原産国」「価格」にオートフィルでコピー

④ それぞれの引数の［列番号］を変更する

⑤ すべての数式をほかの行にもオートフィルでコピーすると、「商品ID」に該当するすべての商品リストが抽出できる

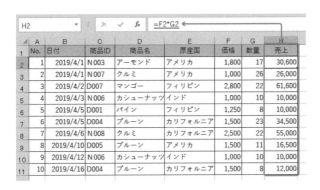

こうして1つにした売上管理表ができたなら、「価格×数量」の数式の列である「売上」も追加できます。

	A	B	C	D	E	F	G	H
1	No.	日付	商品ID	商品名	原産国	価格	数量	売上
2	1	2019/4/1	N003	アーモンド	アメリカ	1,800	17	30,600
3	2	2019/4/1	N007	クルミ	アメリカ	1,000	26	26,000
4	3	2019/4/2	D007	マンゴー	フィリピン	2,800	22	61,600
5	4	2019/4/3	N006	カシューナッツ	インド	1,000	10	10,000
6	5	2019/4/5	D001	パイン	フィリピン	1,250	8	10,000
7	6	2019/4/5	D004	プルーン	カリフォルニア	1,500	23	34,500
8	7	2019/4/6	N008	クルミ	カリフォルニア	2,500	22	55,000
9	8	2019/4/10	D005	プルーン	アメリカ	1,500	11	16,500
10	9	2019/4/12	N006	カシューナッツ	インド	1,000	10	10,000
11	10	2019/4/16	D004	プルーン	カリフォルニア	1,500	8	12,000

完成した売上管理表をもとにピボットテーブルを作成すると、「商品リスト」のすべてのフィールドをもとに集計表を作成できるようになります。商品別の数量と売上の集計表が、ドラッグ操作でかんたんに作れました。

　別のブックの表に、複数のブックの共通フィールドを検索値として抽出したいときは、ここまでの解説のように、すべてのブックを開いて、ブックごとのウィンドウを切り替えながら操作すればスピーディーに抽出できます。

　なお、諸事情でピボットテーブルが使えず関数だけでおこなう場合でも、VLOOKUP関数で1つの表にまとめてしまえば、商品別の数量の合計表なら、「商品名」という条件に一致する値の集計なので、合計ならSUMIF関数で求められます。（4-1節参照）。

B3		× ✓ fx	=SUMIF(売上管理表!$D$2:$D$11,A3,売上管理表!$G$2:$G$11)

	A	B	C	D	E	F	G	H	I
1									
2	商品名	合計 / 数量							
3	アーモンド	17							
4	カシューナッツ	20							
5	クルミ	48							
6	パイン	8							
7	プルーン	42							
8	マンゴー	22							
9	総計	157							

　また、行に見出しがある表なら、**HLOOKUP関数**で共通フィールド

をキーに1つの表にまとめると、SUMIF関数などで集計できるようにな
ります。HLOOKUP関数は、横方向に検索して指定の行から検索値に
該当する値を抽出してくれる関数で、書式は次のとおりです。

=HLOOKUP(検索値,範囲,行番号[,検索方法])

複数のシートや
ブックの条件集計

　データベース用の表にしておけば使えるピボットテーブルですが、複数のシートやブックを対象に集計はおこなえません。315ページで解説したピボットテーブルウィザードなら可能ですが、範囲に指定した左端の項目を行のフィールド、上端の項目を列のフィールドとしてピボットテーブルを作成するため、それぞれのシートがデータベース用の表では、意図した集計表が作成できません。

　複数のシートやブックに作成したデータベース用の表をもとに、すべてのデータを対象にした項目別集計表やクロス集計表、つまり、条件に一致する値の集計が必要になったときは、2つの方法があります。

　シートごとやブックごとの条件を満たす集計値を合算して求める
　すべてのシートまたはブックを1つにまとめて条件を満たす集計値を求める

1 　複数シートのデータそのままで条件集計するなら関数を使おう

　条件に一致する値の集計は、第4章で説明したとおり、SUMIF関数などを使えば可能でした。これらの関数は1つの範囲しか指定できませんが、合計や件数なら、複数のシートを足した結果になるので、OR条件で集計する場合と同じです。**SUMIF(S)関数やCOUNTIF(S)関数をシートの数だけ足し算したら求められることになります。**
　たとえば、月別シートに売上管理表を作成していて、別のシートにショップ別の合計が必要になった場合です。

▲	A	B	C	D	E	F	G	H
1	No.	日付	ショップ名	種類	原産国	価格	数量	売上
2	1	2019/4/1	美乾屋	ナッツ	アメリカ	1,800	17	30,600
3	2	2019/4/1	桜Beans	ナッツ	アメリカ	1,000	26	26,000
4	3	2019/4/2	玲豆ん堂	ドライフルーツ	フィリピン	2,800	22	61,600
5	4	2019/4/3	菜ッ津堂	ナッツ	インド	1,000	10	10,000
6	5	2019/4/5	美乾屋	ドライフルーツ	フィリピン	1,250	8	10,000
7	6	2019/4/5	玲豆ん堂	ドライフルーツ	カリフォルニア	1,500	23	34,500
8	7	2019/4/6	菜ッ津堂	ナッツ	カリフォルニア	2,500	22	55,000
9	8	2019/4/10	胡桃本舗	ドライフルーツ	アメリカ	1,500	11	16,500
10	9	2019/4/12	玲豆ん堂	ナッツ	インド	1,000	10	10,000
11	10	2019/4/16	美乾屋	ドライフルーツ	カリフォルニア	1,500	8	12,000
12	11	2019/4/20	胡桃本舗	ナッツ	アメリカ	1,500	20	30,000
13	12	2019/4/20	胡桃本舗	ドライフルーツ	アメリカ	1,800	10	18,000
14	13	2019/4/20	桜Beans	ドライフルーツ	カリフォルニア	1,500	4	6,000
15	14	2019/4/25	玲豆ん堂	ドライフルーツ	カリフォルニア			
16	15	2019/4/30	美乾屋	ドライフルーツ	フィリピン			
17	16	2019/4/30	桜Beans	ナッツ	アメリカ			
18								
19								

> 「集計」シートにショップ別の合計を求めたい

〔2019.04〕 2019.05 2019.06 〔集計〕 ⊕

　この場合は、合計なのでSUMIF関数の数式をシートの数だけ足し算すれば集計できます。数式の作成は、OR条件のときと同じなので、シートごとに数式を入力する必要はありません。それぞれのシートの条件を含む範囲・集計する範囲が同じ列なら、シートの数だけ足し算して、シート名を変更するだけです。このとき、**条件を含む範囲・集計する範囲は、最も多いセル範囲の表に合わせて多めに指定しておく必要があります。**あとは、数式をオートフィルでコピーするだけです。

　クロス表に集計するときも、4-3節で説明した行列見出しを集計する数式を、シートの数だけ足し算するだけです。合計ならSUMIFS関数、件数ならCOUNTIF関数の数式をシートの数だけ足し算してシート名を変更して、数式をオートフィルでコピーすれば求められることになります。

B3 × ✓ fx =SUMIFS('2019.04'!$H$2:$H$25,'2019.04'!$C$2:$C$25,$A3,'2019.04'!$D$2:$D$25,B$2)+
SUMIFS('2019.05'!$H$2:$H$25,'2019.05'!$C$2:$C$25,$A3,'2019.05'!$D$2:$D$25,B$2)+
SUMIFS('2019.06'!$H$2:$H$25,'2019.06'!$C$2:$C$25,$A3,'2019.06'!$D$2:$D$25,B$2)

	A	B	C	D	E	F	G	H	I	J	K
1	■ショップ別種類別売上										
2	ショップ名	種類 ナッツ	ドライフルーツ								
3	胡桃本舗	138,000	88,500								
4	桜Beans	92,000	88,400								
5	菜ッ津堂	209,400	103,900								
6	美乾屋	59,600	174,500								
7	玲豆ん堂	95,000	176,500								

シート名を変更するだけ

　なお、足し算ではできない平均や最大値などは、この方法では求められません。複雑な数式を作成するより、次の7-3-2で1つのシートにまとめて集計する方法で集計しましょう。

　また、複数シートの集計では、シート名を表に入力してその集計値が必要な場合もあります。このような場合に、数式内でほかのシートのセル番地やセル範囲を選択すると、「シート名!セル番地」または「シート名!セル範囲」で指定されます。たとえば、別のシートにSUM関数で「胡

桃本舗」シートのA1セル〜 A3セルの合計を求めると数式は、以下のようになります。

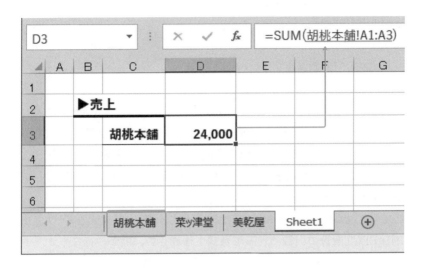

しかし、シートごとに同じセル範囲の合計が必要であるとしましょう。このような場合、シート名が5枚10枚と多いなら、シート名を入力して、そのシート名を使って数式のコピーで一気に求めてスピーディーに集計したいものです。そこで、シート名を入力したセル番地を使って上記の数式を変更してみました。しかし、 Enter を押すとエラーになるか、エラーメッセージが表示されてしまいます。

つまり、セルに入力したシート名では認識してくれないわけなのです。

このような場合は、**INDIRECT関数**を使いましょう。INDIRECT関数は、セル参照を表す文字列が示す先を間接的に参照する関数で、書式は次のとおりです。

=INDIRECT(参照文字列[,参照形式])

引数の[参照文字列]に「C3&"!A1:A3"」と指定すると、C3セルに入力したシート名のA1セル〜 A3セルにある値を間接的に参照して、[参照形式]で返してくれます。[参照形式]は、A1形式なら省略またはTRUE、R1C1形式ならFALSEを指定しますが、通常はA1形式なので省略して数式を作成しましょう。

では、上記でエラーになったシート名を使った数式をそのままINDIRECT関数の引数に使って数式を作成して、ほかの行にもオートフィルでコピーしてみます。すると、それぞれに入力したシート名にあるA1セル〜 A3セルの合計を求められました。通常の数式のようにセル範囲を絶対参照にしなくても、セル範囲を間接参照するため、コピーしてもずれる必要はありません。

B3		▼	⋮	×	✓	*fx*	=SUM(INDIRECT(A3&"!A1:A3"))

◢	A	B	C	D	E	F
1	■ショップ別売上					
2	ショップ名	売上				
3	胡桃本舗	24,000				
4	菜ッ津堂	29,000				
5	美乾屋	18,000				
6						
7						
8						

| ◀ | ▶ | 胡桃本舗 | 菜ッ津堂 | 美乾屋 | Sheet1 | ⊕ |

セルに入力したシート名を使って条件に一致する値を集計するときも、SUMIF関数などの集計するセル範囲や条件を含む範囲をINDIRECT関数で間接的に参照する数式にすれば、数式のコピーでシートごとに集計できるというわけです。

　たとえば、入力したシート名ごとのナッツの売上合計を求める場合の数式は、以下のように作成して、数式をオートフィルでコピーすれば求められます。

| B3 | ▾ | : | × | ✓ | fx | =SUMIF(INDIRECT(A3&"!D2:D25"),"ナッツ",INDIRECT(A3&"!H2:H25")) |

	A	B	C	D	E	F	G	H	I
1	■ナッツ月別売上								
2	2019年度	売上			条件を含む範囲		集計する範囲		
3	2019.04	179,600							
4	2019.05	314,900							
5	2019.06	99,500							
6									
7									
8									

| 2019.04 | 2019.05 | 2019.06 | 集計 | ⊕ |

　ただし、INDIRECT関数でシートのセル範囲を間接参照する場合、シート名に「-」やスペースが入っていると正しく参照されません。このような場合は、シート名を入力したセル番地を「'」（シングルクォーテーション）で囲んで「"'"&A1&"'!A1:A3"」のように引数に指定して数式を作成する必要があるので、注意が必要です。

2　複数シートやブックを1つのシートにまとめてしまえば条件集計はかんたん!

　では次に、複数のシートやブックに分けているデータを1つのシートやブックにまとめて条件に一致する値を集計する方法です。そのままで集計する場合は、シートの数が多いと、足し算の数式やシート名の修正も面倒です。しかも、足し算では求められない平均や最大値などは、複雑な数式が必要になります。

また、複数のブックの場合も複数のシートの場合と同じように336ペー
ジのSUMIF関数などで足し算して求められますが、集計元のブックの
データの変更が反映されません。別ブックに求めてもデータの変更に反
映させたい場合、1つだけのブックならSUMPRODUCT関数や配列数式
でも対処できますが（くわしくは筆者の既刊書『Excel集計・抽出テクニッ
ク大全集』を参照してください）、ブックが複数になると長い数式作成
を作成することになり、集計するブックも重くなってしまいます。
　複数シートや複数ブックの表が、それぞれ同じ列見出しならば、クリッ
プボードで1つにまとめてしまいましょう。

クリップボードで複数シートの表を1つのシートにまとめる

　まず、「2019.04」～「2019.06」シートの表を「第1四半期」シートに
まとめて、条件集計する方法です。

① ［ホーム］タブの［クリップボード］グループの［↘］ボタンをクリッ
　 クして、［クリップボード］ウィンドウを表示させる
② 「2019.04」シートの列見出しを含めたデータをすべて範囲選択する
③ ［コピー］ボタンをクリックして、クリップボードに格納する
④ 次に「2019.05」シートをクリックして、列見出し以外のデータをす
　 べて範囲選択して、［コピー］ボタンをクリックしてクリップボード
　 に格納する
⑤ 「2019.06」シートも同じようにクリップボードに格納したら、「第
　 1四半期」シートのセルを選択して、［すべて貼り付け］ボタンをクリッ
　 ク
⑥ 「2019.04」～「2019.06」シートのデータが「第1四半期」シー
　 トにまとめられる
⑦ まとめたあと、クリップボードに格納したデータは、［すべてクリア］
　 ボタンで削除できる
⑧ ［クリップボード］ウィンドウを閉じるには、［閉じる］ボタンをクリック

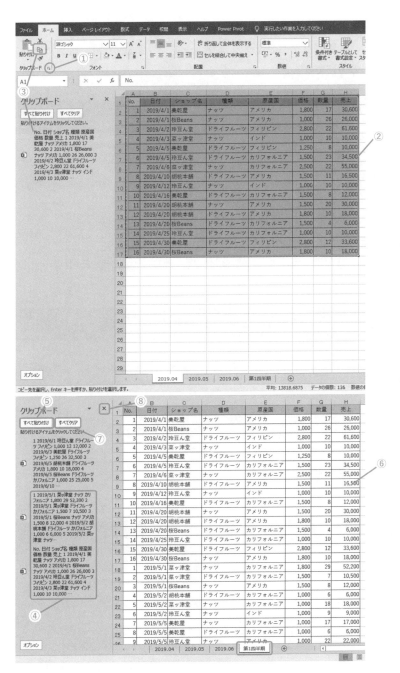

クリップボードで複数ブックの表を1つのシートにまとめる

次に、月別ブックの表をクリップボードで「第1四半期.xlsx」に1つにまとめる方法です。

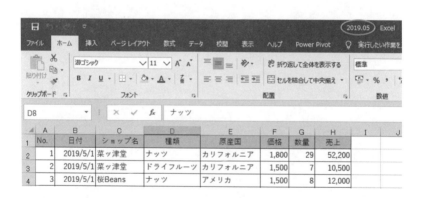

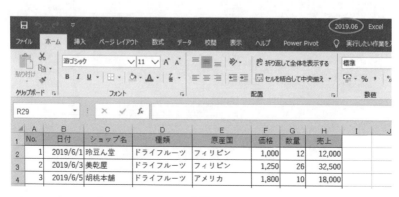

① 7-1 節 303 ページと同じように、あらかじめ集計する前にすべての
ブックを開いて、「第 1 四半期 .xlsx」の［表示］タブ→［ウィンドウ］
グループ→［ウィンドウの切り替え］ボタンでブックごとのウィンド
ウを切り替える

②ウインドウを切り替えながら、それぞれのブックのデータをクリップ
ボードにコピーする

③すべてのブックのデータをクリップボードに格納したら、［すべて貼
り付け］ボタンをクリック

④すべてのブックのデータが「第 1 四半期 .xlsx」にまとめられる

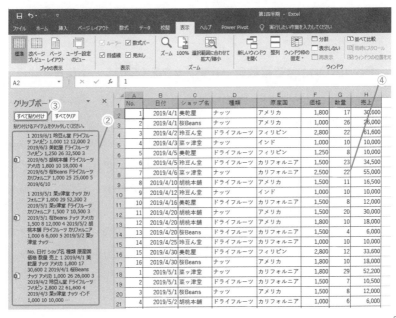

CHAPTER 7
シートやブックをまたいで
いくつもの表を合体して集計するコツ

こうして、1つのシートやブックにまとめてしまえば、関数なら
SUMIF関数など条件に一致する関数1つだけの数式で、ピボットテーブ
ルならドラッグ操作だけで、すべてのシートまたはブックのデータを対
象に、項目別の集計表などが作成できるわけです。ピボットテーブルを
使えば、すべてのシートまたはブックのデータを対象に、クロス表や階
層表示の集計表など複雑な集計表をかんたんに作成できます。

まとめたシート

3　PowerQueryで複数シートやブックを1つのシートにまとめる

　ただし、このようにクリップボードでまとめる方法は、それぞれのシー
トやブックのデータの変更や追加が反映されず、シートやブックが追
加されたら、その都度、貼り付ける操作が必要です。しかし、Power
Queryを使って1つの表にまとめると、データの変更や追加があっても
［更新］ボタンだけで反映され、ブックの追加があっても同じフォルダ
内に保存するだけで反映させることができます。

　Power Queryは、Excel2019 ／ 2016から標準機能となっているので
インストールの必要はありませんが、Excel2013 ／ 2010では、以下のサ
イトからダウンロードして、アドインとして組みこむ必要があります。

https://www.microsoft.com/ja-jp/download/details.aspx?id=39379

それでは、PowerQueryを使って、複数のシートやブックを1つのシートにまとめて、条件集計する手順をくわしく見ていきましょう。

具体例3 PowerQueryで複数のシートやブックのデータを1つにまとめて条件集計する

月別シートや月別ブックのデータを、変更や追加があっても自動で追加できるようにPower Queryで1つのシートやブックにまとめて条件集計してみます。

まずは、「2019.04」「2019.05」「2019.06」シートの表をPower Queryで1つの表にまとめてみます。

	A	B	C	D	E	F	G	H
1	No.	日付	ショップ名	種類	原産国	価格	数量	売上
2	1	2019/4/1	美乾屋	ナッツ	アメリカ	1,800	17	30,600
3	2	2019/4/1	桜Beans	ナッツ	アメリカ	1,000	26	26,000
4	3	2019/4/2	玲豆ん堂	ドライフルーツ	フィリピン	2,800	22	61,600
5	4	2019/4/3	菜ッ津堂	ナッツ	インド	1,000	10	10,000
6	5	2019/4/5	美乾屋	ドライフルーツ	フィリピン	1,250	8	10,000
7	6	2019/4/5	玲豆ん堂	ドライフルーツ	カリフォルニア	1,500	23	34,500
8	7	2019/4/6	菜ッ津堂	ナッツ	カリフォルニア	2,500	22	55,000
9	8	2019/4/10	胡桃本舗	ドライフルーツ	アメリカ	1,500	11	16,500
10	9	2019/4/12	玲豆ん堂	ナッツ	インド	1,000	10	10,000
11	10	2019/4/16	美乾屋	ドライフルーツ	カリフォルニア	1,500	8	12,000
12	11	2019/4/20	胡桃本舗	ナッツ	アメリカ	1,500	20	30,000
13	12	2019/4/20	胡桃本舗	ドライフルーツ	アメリカ	1,800	10	18,000
14	13	2019/4/20	桜Beans	ドライフルーツ	カリフォルニア	1,500	4	6,000
15	14	2019/4/25	玲豆ん堂	ドライフルーツ	カリフォルニア	1,000	10	10,000
16	15	2019/4/30	美乾屋	ドライフルーツ	フィリピン	2,800	12	33,600
17	16	2019/4/30	桜Beans	ナッツ	アメリカ	1,800	10	18,000
18								
19								
20								
21								
22								
23								

2019.04 | 2019.05 | 2019.06 | +

① [2019.04] シート内のセルを選択し、[データ] タブ→ [データの
取得と変換](Excel2016 では [取得と変換])グループ→ [テーブ
ルまたは範囲から](Excel2016 では [テーブルから])ボタンをクリッ
ク（Excel2013/2010 では [POWERQUERY] タブ→ [Excel データ]
グ ループ→ [テーブル／範囲から] ボタン)

② [テーブルの作成] ダイアログボックスが表示されるので、正しい範
囲が設定されて [先頭行を見出しとして使用する] にチェックが入っ
ているのを確認
③ [OK] ボタンをクリック

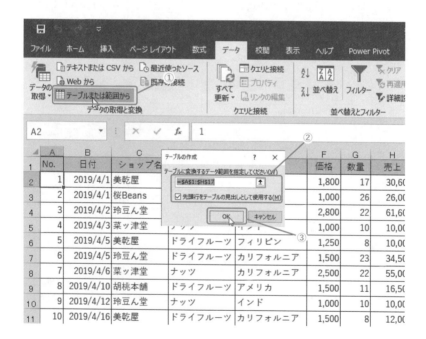

④ [Power Query エディター] が起動
⑤クエリの名前を入力する
⑥ [ホーム] タブ→ [閉じて読み込む] ボタンをクリック

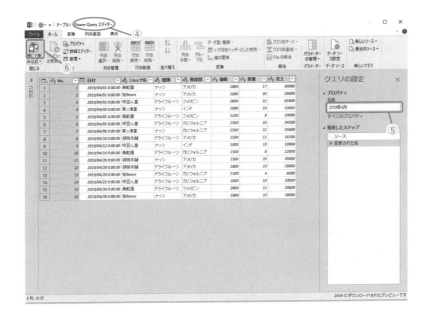

　クエリで作成されたテーブルが追加されます。**このテーブルを削除すると接続情報を保持した接続専用となり、データの処理を軽量化できます。**

⑥削除するには、シートを選択して右クリックして［削除］を選択（Excel2013／2010では削除すると［クエリの削除］ダイアログボックスが表示されるので、［ロードを無効にする］をクリック）

⑦クエリが［接続専用］に変わる

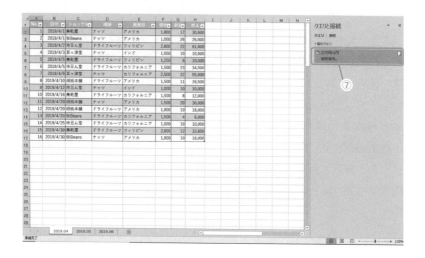

残りの2つのテーブルも、手順①〜⑦でそれぞれのクエリを作成します。

まとめるシートが複数の場合、それぞれのクエリを作成するのは大変です。この場合は、Excel2019/2016では［データ］タブ→［データの取得と変換］（Excel2016では［取得と変換］）グループ→［データの取得］

（Excel2016では［新しいクエリ］）ボタン→［ファイルから］→［ブックから］、Excel2013/2010では［POWER QUERY］タブ→［外部データの取り込み］グループ→［ファイルから］ボタン→［Excelから］を選択してブックから取り込みます。くわしい操作方法については、紙面の都合で割愛します。

次に作成した3つのクエリを結合するクエリを作成します。

⑧ ［データ］タブ→［データの取得と変換］（Excel2016 では［取得と変換］）グループ→［データの取得］（Excel2016 では［新しいクエリ］）ボタン→［クエリの結合］→［追加］を選択（Excel2013/2010 では［POWERQUERY］タブ→［結合］グループ→［追加］ボタンをクリック）

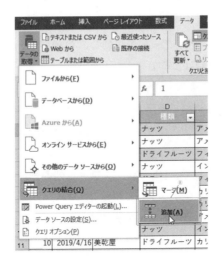

⑨ 表示された［追加］ダイアログボックスで、［3 つ以上のテーブル］をクリック
⑩ ［利用可能なテーブル］で Shift を押しながらすべてのテーブルを選択
⑪ ［追加］ボタンをクリック
⑫ ［OK］ボタンをクリック

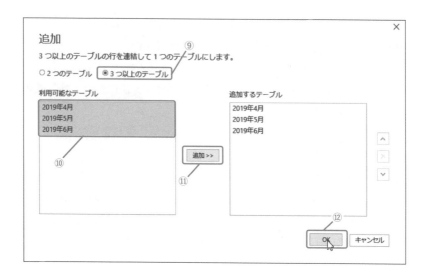

　[Power Queryエディター] が起動し、3つのクエリが結合されます。
体裁を変更する場合はここで整えておきます。

⑬「日付」は日付時刻で表示されるので、日付だけにするには「日付」
　の列の左のアイコンをクリックして表示されるメニューから [日付]
　を選択
⑭不要な列は選択して、[ホーム] タブ→ [列の管理] グループ→ [列
　の削除] ボタンをクリックして削除しておく
⑮クエリの名前を希望の名前に変更する
⑯ [ホーム] タブ→ [閉じて読み込む] ボタンをクリック

⑰「2019.04」「2019.05」「2019.06」の３つのシートが１つのシートにまとめられた

⑱［クエリと接続］（Excel2016/2013/2010 では［ブッククエリ］）ウィンドウに取り込んだデータの件数が表示される

⑲それぞれのシートで変更や追加があっても、［クエリ］タブの［読み込み］グループの［更新］ボタン（Excel2013／2010 では［最新の情報に更新］ボタン）をクリックすると、まとめたテーブルに反映される

⑳［編集］グループの［編集］ボタン（Excel2013／2010 では［クエリの編集］ボタン）をクリックすると、［Power Query エディター］を表示して再編集できる

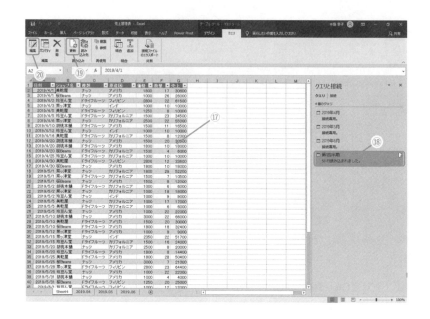

Power Queryで複数ブックを1つのシートにまとめる

　次に、Power Queryで複数のブックを1つのシートにまとめる場合です。「売上管理表」フォルダーの「2019.04.xlsx」「2019.05.xlsx」「2019.06.xlsx」の月別ブックを1つのシートにまとめてみます。

　この場合、パスワードが設定されていたり、ブック名に規則性がなかったり、テーブル名やシート名が統一されていなかったりすると、エラーになり結合できません。それぞれのブックのパスワードは解除し、表をテーブルに変換している場合は「テーブル1」「テーブル2」のように統一して、シート名は同じ名前にしておきましょう。

　ここでは、上記と同じように通常の表を使用しますが、シート名は同じにしておきます。なお、それぞれのブックのデータが大量の場合、表はテーブルに変換しておかないと正しくまとめられない場合があるので注意が必要です。

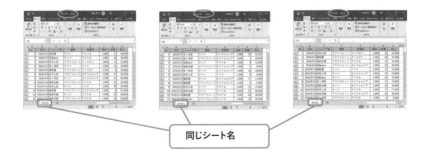

同じシート名

① 1つのシートにまとめるブックを開き、[データ] タブ→ [データの取得と変換] (Excel2016 では [取得と変換]) グループ→ [データの取得] (Excel2016 では [新しいクエリ]) ボタン→ [ファイルから] (Excel2013 / 2010 では [POWER QUERY] タブ→ [外部データの取り込み] グループ→ [ファイルから] ボタン) → [フォルダーから] を選択して、月別売上ブックがある「売上管理表」フォルダーを選択して取り込む

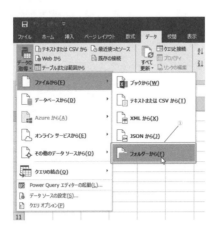

② フォルダー内のブック名が表示されたダイアログボックスが表示されるので、[結合] ボタンの [▼] から [データの結合と変換] (もしくは [結合および編集]) を選択 ([結合および読み込み] を選択すると、

すべてのブックの表が結合した状態でブックに読み込まれる）

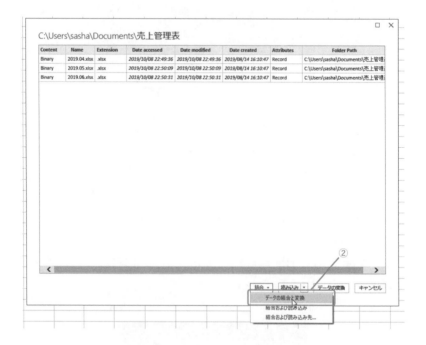

③ ［File の結合］ダイアログボックスが表示されるので、フォルダーを
選択
④ ［OK］ボタンをクリック

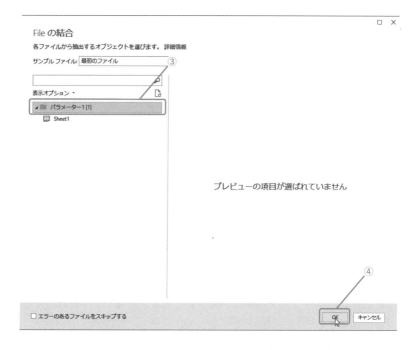

⑤ Power Query エディターが起動したら、[Date] 列の右の [展開]
ボタンをクリック

⑥ 表示されたメニューの [OK] ボタンをクリック

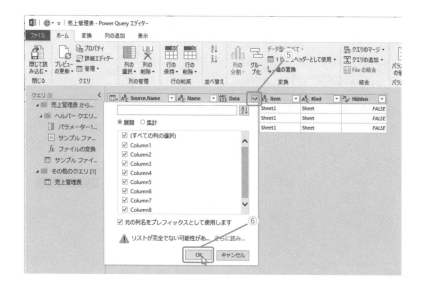

⑦それぞれのブックのデータが展開されるので、希望のデータになるように調整する

⑧［変換］タブ→［1行目をヘッダーとして使用］をクリックして、1行目が列見出しになるように変更する

⑨不要な列は、選択して右クリックしたメニューから［列の削除］（または［ホーム］タブ→［列の管理］グループ→［列の削除］ボタン）を選択して削除する

⑩列見出し名を変更するにはダブルクリックで修正する

⑪日付は日付／時刻表示になるので、「日付」の左のアイコンをクリックしたメニューから「日付」を選択

⑫ブック名やシート名を除く左端のフィールドの［▼］フィルターボタンをクリックして、「null」とフィールド名のチェックを外して（ここでは「No.」）、［OK］ボタンをクリック

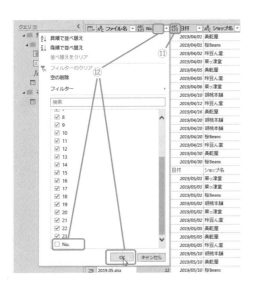

⑬すべてデータが調整できたら、クエリの名前を入力

⑭［閉じて読み込む］ボタンをクリック

⑮新しいシートに月別ブックのデータを結合したテーブルが挿入される

ファイル名	No.	日付	ショップ名	種類	原産国	価格	数量	売上
2019.04.xlsx	1	2019/4/1	美乾屋	ナッツ	アメリカ	1800	17	30600
2019.04.xlsx	2	2019/4/1	桜Beans	ナッツ	アメリカ	1000	26	26000
2019.04.xlsx	3	2019/4/2	玲豆ん堂	ドライフルーツ	フィリピン	2800	22	61600
2019.04.xlsx	4	2019/4/3	菜々津堂	ナッツ	インド	1000	10	10000
2019.04.xlsx	5	2019/4/5	美乾屋	ドライフルーツ	フィリピン	1250	8	10000
2019.04.xlsx	6	2019/4/5	玲豆ん堂	ドライフルーツ	カリフォルニア	1500	23	34500
2019.04.xlsx	7	2019/4/6	菜々津堂	ナッツ	カリフォルニア	2500	22	55000
2019.04.xlsx	8	2019/4/10	胡桃本舗	ドライフルーツ	アメリカ	1500	11	16500
2019.04.xlsx	9	2019/4/12	玲豆ん堂	ナッツ	インド	1000	10	10000
2019.04.xlsx	10	2019/4/16	美乾屋	ドライフルーツ	カリフォルニア	1500	8	12000
2019.04.xlsx	11	2019/4/20	胡桃本舗	ナッツ	アメリカ	1500	20	30000
2019.04.xlsx	12	2019/4/20	胡桃本舗	ドライフルーツ	アメリカ	1800	10	18000
2019.04.xlsx	13	2019/4/20	桜Beans	ドライフルーツ	アメリカ	1500	4	6000
2019.04.xlsx	14	2019/4/25	玲豆ん堂	ドライフルーツ	カリフォルニア	1000	10	10000
2019.04.xlsx	15	2019/4/30	美乾屋	ドライフルーツ	フィリピン	2800	12	33600
2019.04.xlsx	16	2019/4/30	桜Beans	ナッツ	アメリカ	1800	10	18000
2019.05.xlsx	1	2019/5/1	菜々津堂	ナッツ	カリフォルニア	1800	29	52200
2019.05.xlsx	2	2019/5/1	菜々津堂	ナッツ	カリフォルニア	1500	7	10500
2019.05.xlsx	3	2019/5/1	桜Beans	ナッツ	アメリカ	1500	8	12000
2019.05.xlsx	4	2019/5/2	胡桃本舗	ドライフルーツ	カリフォルニア	1000	6	6000
2019.05.xlsx	5	2019/5/2	菜々津堂	ナッツ	カリフォルニア	1000	18	18000
2019.05.xlsx	6	2019/5/2	玲豆ん堂	ナッツ	インド	1000	9	9000
2019.05.xlsx	7	2019/5/5	美乾屋	ナッツ	カリフォルニア	1000	17	17000
2019.05.xlsx	8	2019/5/5	美乾屋	ドライフルーツ	カリフォルニア	1000	6	6000
2019.05.xlsx	9	2019/5/5	玲豆ん堂	ナッツ	アメリカ	1000	22	22000
2019.05.xlsx	10	2019/5/10	胡桃本舗	ナッツ	アメリカ	3000	22	66000
2019.05.xlsx	11	2019/5/10	美乾屋	ドライフルーツ	アメリカ	1500	20	30000
2019.05.xlsx	12	2019/5/10	桜Beans	ドライフルーツ	アメリカ	1800	18	32400

⑯次の月になり、「2019.07.xlsx」を新たに同じフォルダ内に入れる

⑰［クエリ］タブの［読み込み］グループの［更新］ボタン（Excel2013
／2010では［最新の情報に更新］ボタン）をクリックする

⑱自動で結合される

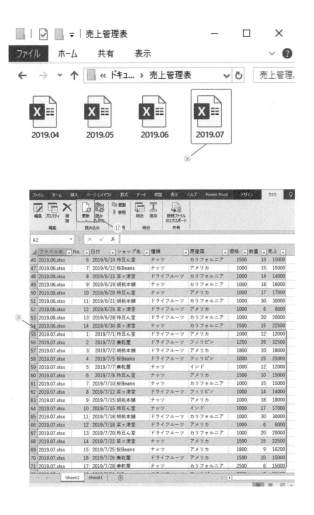

　あとは、まとめたテーブルをもとに、344ページのように、SUMIF関
数などの関数やピボットテーブルで条件集計すればいいわけです。

　共通フィールドをキーに1つにまとめて集計するには、7-2-1ではリレーションシップ、7-2-2ではVLOOKUP関数を使ってきましたが、Power Queryを使うと、複数ブックやシートに共通のフィールドがあれば、関連付けて1つの表にまとめてくれます。

　それでは、Power Queryで複数のシートやブックの共通のフィールドを関連付けて1つのテーブルを作成する手順をくわしく見ていきましょう。

具体例4 **Power Query で複数のシートやブックのデータを共通フィールドで1つにまとめる**

　具体例2でリレーションシップで共通フィールドをキーに1つの表にまとめた「売上管理表」シートと「商品リスト」シートの表を、今度はPower Queryで1つのテーブルにまとめてみます。

▲	A	B	C	D
1	No.	日付	商品ID	数量
2	1	2019/4/1	N003	17
3	2	2019/4/1	N007	26
4	3	2019/4/2	D007	22
5	4	2019/4/3	N006	10
6	5	2019/4/5	N001	8
7	6	2019/4/5	D004	23
8	7	2019/4/6	N008	22
9	8	2019/4/10	D005	11
10	9	2019/4/12	N006	10
11	10	2019/4/16	D004	8
12				
13				
14				

売上管理表　商品リスト

▲	A	B	C	D
1	商品ID	商品名	原産国	価格
2	N001	アーモンド	カリフォルニア	1,800
3	N002	アーモンド	カリフォルニア	1,000
4	N003	アーモンド	アメリカ	1,800
5	N004	アーモンド	アメリカ	1,000
6	N005	カシューナッツ	インド	2,350
7	N006	カシューナッツ	インド	1,000
8	N007	クルミ	アメリカ	1,000
9	N008	クルミ	カリフォルニア	2,500
10	N009	クルミ	カリフォルニア	1,000
11	N010	ピスタチオ	アメリカ	1,500
12	N011	ピスタチオ	アメリカ	3,000
13	N012	マカデミア	アメリカ	1,500
14	N013	マカデミア	カリフォルニア	1,500

売上管理表　商品リスト　⊕

　具体例3の手順①～⑦でそれぞれのクエリを作成し、手順⑦では「売上表」「商品リスト」の名前を付けておきます。⑧［データ］タブ→［データの取得と変換］（Excel2016では［取得と変換］）グループ→［データの取得］（Excel2016では［新しいクエリ］）ボタン→［クエリ

の結合] → [マージ] を選択します（Excel2013 / 2010では［POWER QUERY] タブ→ [結合] グループ→ [マージ] ボタンをクリック）。

　表示された［マージ］ダイアログボックスで、共通フィールドの「商品ID」を関連付けます。以下の4つを選択します。

⑨テーブル「売上表」
⑩「商品 ID」
⑪テーブル「商品リスト」
⑫「商品 ID」を選択

　⑬［結合の種類］には結合の種類を選択します。初期設定では左外部の結合（上のテーブルの共通フィールドをキーに結合する）が選択されます。そのほかの種類で結合するには、リストから選びましょう。
　⑭一致した件数を確認したら、⑮［OK］ボタンをクリックします。

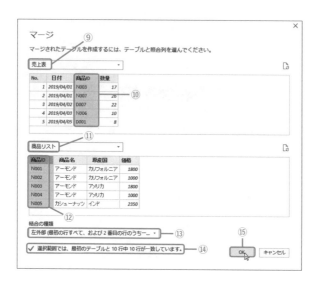

　[Power Queryエディター] が表示されます。右端に結合されたテーブル「商品リスト」の⑯ [展開] ボタンをクリックします。

　⑰表示されたダイアログボックスにテーブルのフィールド名が表示されます。⑱ [元の列名をプレフィックスとして使用します] のチェックを外して、⑲ [OK] ボタンをクリックします。

　なお、**具体例3** の手順①～③でこの表はテーブルに変換されています。テーブルに変換している場合、ここでチェックを外さないでいると列名にクエリの名前がついてしまうので、ここではチェックを外しておきます。

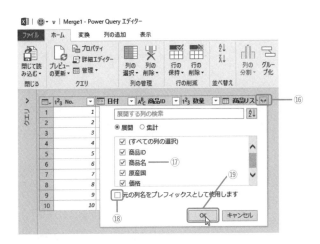

　データが展開されて、2つのテーブルのデータが共通フィールド「商品ID」で結合して表示されます。ただし、⑳共通フィールドの「商品リスト」テーブルの「商品ID」も表示されるので、選択して［ホーム］タブ→［列の管理］グループ→［列の削除］ボタンで削除しておきます。フィールドの位置も希望の場所に、フィールド名を選択してドラッグすると移動できます。㉒「No.」が昇順になるように［▼］フィルターボタンから「昇順」を選択しておきます。

　希望の体裁を整えたら、㉓［ホーム］タブの［閉じて読み込む］ボタンをクリックします。

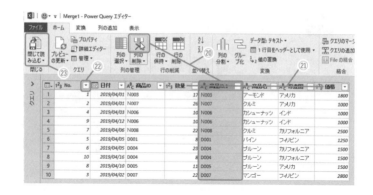

共通のフィールド「商品ID」をキーに1つのテーブルが作成されます。

PowerQueryで複数のブックのデータを共通フィールドで1つにまとめる

　次に、複数のブックの表の共通フィールドをキーにPower Queryで1
つのテーブルにまとめてみます。「売上管理表.xlsx」の売上管理表、「商
品リストxlsx」に商品リストを作成し、共通のフィールド「商品ID」をキー
にそれぞれのブックの表を結合して1つのテーブルを作成してみます。

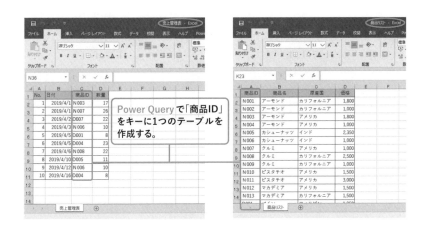

Power Queryで「商品ID」をキーに1つのテーブルを作成する。

　1つにまとめるブックを開き、まず2つのブックの表を、クエリとして取り込みます。

① ［データ］タブ→［データの取得と変換］（Excel2016では［取得と変換］）グループ→［データの取得］（Excel2016では［新しいクエリ］）ボタン→［ファイルから］→［ブックから］を選択して、「売上管理表.xlsx」を［インポート］ボタンをクリックして取り込む（Excel2013／2010では［POWERQUERY］タブ→［外部データの取り込み］グループ→［ファイルから］→［ブックから］を選択して、「売上管理表.xlsx」を［インポート］ボタンをクリックして取り込む）

　取り込むと［ナビゲーター］ダイアログボックスが表示されます。表をテーブルに変換している場合は、テーブル名とシート名の両方が表示され、変換していない場合はシート名だけが表示されます。

②ここではシート名「売上管理表」を選択
③［読み込み］ボタンをクリックして、ブック内に取り込む

　「商品リスト.xlsx」も同じ手順で取り込みます。

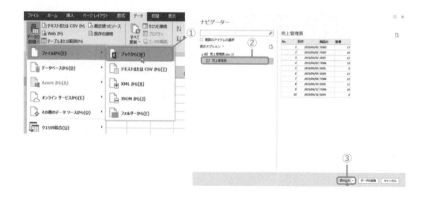

④取り込んだどちらかのテーブルで、[クエリ] タブ→ [結合] グルー
プ→ [結合] ボタン（Excel2010 / 2013 では [マージ] ボタン）
をクリック

⑤[マージ] ダイアログボックスが表示されるので、361 ～ 363 ペー
ジ手順⑨～㉓をおこなう

⑥共通のフィールド「商品 ID」をキーにそれぞれのブックの表が結合
されて 1 つのテーブルが作成される

　Excel2013 / 2010でPower Queryを使うにはダウンロードが必要で
すし、Power Queryを使ってもデータによっては、1つのテーブルに結
合できない場合もあります。

　諸事情でできない場合、社内でネットにアクセスできない立場である

場合は、クリップボードやVLOOKUP関数で1つにまとめる方法も合わせて覚えておきましょう。

　以上、さまざまな集計を適切に使いこなすべく、そのために必要な集計機能を紹介してきましたが、本書で紹介したもの以外に、日付／時刻に関する計算も覚えておけば役に立ちます。本書では、誌面の都合で割愛せざるを得ませんでしたが、既刊書『集計・抽出テクニック大全集』でTips集として解説しているので、ぜひ参考にしてください。

■お問い合わせについて

　本書に関するご質問は、FAX か書面でお願いいたします。電話での直接のお問い合わせにはお答えできませんので、あらかじめご了承ください。また、下記の Web サイトでも質問用フォームを用意しておりますので、ご利用ください。

　ご質問の際には、以下を明記してください。

・書籍名
・該当ページ
・返信先（メールアドレス）

　ご質問の際に記載いただいた個人情報は質問の返答以外の目的には使用致しません。

　お送りいただいたご質問には、できる限り迅速にお答えするよう努力しておりますが、お時間をいただくこともございます。

　なお、ご質問は本書に記載されている内容に関するもののみとさせていただきます。

■問い合わせ先

〒 162-0846
東京都新宿区市谷左内町 21-13
株式会社技術評論社　雑誌編集部
「Excel 最強集計術」係
FAX：03-3513-6173
Web：https://gihyo.jp/book/2020/978-4-297-11203-5

【装丁】
Isshiki（八木麻祐子）
【本文デザイン】
Isshiki
【DTP】
Isshiki
【編集】
西原康智

Excel 最強集計術
～現場で効率アップできる本当に正しい使い方

2020 年 3 月 5 日　初版　第 1 刷発行

著者　不二桜

大阪府大阪市在住。
PC雑誌「アスキーPC」（1998年4月～2013年8月）で、Excel関数の連載を9年間行う。同時にテクニカルライターとして、多数のムック、雑誌、書籍を発売。
現在は、フリーでさまざまな企業の集計業務に携わりながら、その実務経験をもとにOffice関連の書籍の執筆を行う。

発行人　片岡巌
発行所
株式会社技術評論社
東京都新宿区市谷左内町 21-13
電話　03-3513-6150　販売促進部
　　　03-3513-6177　雑誌編集部
印刷・製本
日経印刷株式会社

ISBN978-4-297-11203-5　C3055
Printed in Japan